小川真

菌と世界の森林再生

築地書館

はじめに

バブルのころ盛んに喧伝された海外植林も、景気の後退に伴ってすっかり鳴りを潜め、二酸化炭素の吸収固定に必須の植林が、ほとんど産業植林に限られるようになった。最近は気候変動から来る異常高温のために乾燥する日が続き、世界の各地で大規模な森林火災が頻発している。国連食糧農業機関によると、その焼失面積は二〇〇〇年から二〇〇五年の間に日本の国土に匹敵するほどに達したという。相変わらず、熱帯雨林では不法伐採が続き、どこからともなく木材が市場に流れ出し、一向に止まる気配がない。さらに、化石代替燃料としてバイオマスが注目を浴びたために、南米や東南アジアでは農地開発が進み、森林破壊がさらに進んでいる。

一方、大気汚染がグローバル化して、日本の国内だけでなく、世界中でマツやカラマツなどの針葉樹をはじめ、ナラ類などの広葉樹が衰弱し、枯れ続けている。そのため、森林が炭素を固定する吸収源になるどころか、かえって排出源になっているのではと懸念されている。そのせいか、森林再生に携わる人たちも自信喪失に陥っているように思える。

しかし、そんな弱音を吐いているわけにはいかない。国内だけを見ても、炭酸ガス排出量が一九九七年以来八パーセントも増え、それも自動車や家庭用など、大気中に拡散しやすいところで増加している。中国やインド、東南アジア諸国などにおける最近の経済発展は、周知のとおり驚くほどの勢いである。現状を見ると、温室効果ガスや汚染物質の排出量は、これからますます増加するにちがいない。

今いわれている温室効果ガス排出量の削減に関する提案はもちろん大切だが、それはこれから排出されるものに対する対策である。すでに大気中へ排出されたものだけで、毎年のような猛暑に見舞われているのだから、できるだけ早く大気中の二酸化炭素を減らす手段を実行に移さなければならない。

一九八九年にインドネシアで働くことになって以来、温暖化を抑えるために何をすべきかと、深刻に考えるようになった。幸い、一九九一年の夏に関西電力の子会社、関西総合環境センターの生物環境研究所が京都府宇治市に設立され、若い人たちと一緒に環境植林問題に取り組む機会を与えられた。研究チームのリーダーだった私には、多額の経費を使い、多くの人と力を合わせて働いてきた研究成果を世の中に伝える義務がある。

そのため、誰でも、いつでも、どこでもできる温暖化対策のうち、「木を植え、森を守り育てる方法」について、実例を挙げて書いてみようと思いたった。すでに海外植林をしている人や、これから始める人たちが参考にしてくだされば、幸いである。私たちのつたない経験と成果が、いつの日か、どこかで活かされることを、心から願って書かせていただいた。

ここに紹介した仕事の大半は、現在の環境総合テクノスで行われたものである。生物環境研究所「生環研」は採算がとれないという理由で二〇〇五年に閉鎖され、跡形もなくなった。しかし、環境問題がさらに深刻になれば、いつの日か、どこかに必ず「生還」してくるはずである。しばらくの間、私たちの志をとげる機会を与えられた、国際協力事業団と関西電力、環境総合テクノスのご支援と、現地の大学や企業、団体の方々のご協力に感謝する。

二〇年以上、海外植林にかかわってきたが、よくぞこれだけ多くの仕事をこなしていただいたと、研究員のみなさんには感謝の言葉もない。厳しい条件の中で、ひどい事故にもあわず、みんな無事生還できたのだから、幸運だったといえるだろう。人を海外の危険地域に送り出すことほど心配なことはない。海外の僻地で働くことは、常に命がけの行為なのである。また、「生環研」で研究の裏方として、ともに働いてくださった多くの方々にも心からお礼申し上げる。

また、これまで、たびたび売れない本を出して、ご厄介をかけているにもかかわらず、私の意のあるところを汲み取り、出版してくださった築地書館の土井二郎社長と担当してくださった柴萩正嗣さんに感謝申し上げる。終わりに、若いころから留守宅を預かり、過激なことを言わないように文章をチェックしてくれた妻、洋子と信ずるに足る息子たちにも感謝する。

黙々と　われら地を這い、木を植えり　サザンクロスのまたたく果てに　栽松

国際森林年に寄せて　二〇一一年三月

小川　真

目次

序

引き金は引かれた

二〇〇四年九月三〇日から二日間、パリでワークショップ『急激な気候変動（ＡＣＣ）とその対策』が国連の支援で開かれた。この会議は一般公開ではなく、ＩＰＣＣの前委員長が世界各国から専門家を召集して開いたものだった。冒頭に主催者から「ＩＰＣＣが公式に出している気候変動の予測値はアンダーエスティメートしたものだ」という発言があった。

会議の目的は、地球温暖化とその対策に関係している専門家の知識や意見を集約し、気候変動の危機を広く世界に訴え、具体策を検討して政策に反映させようというものだった。爆弾テロ騒ぎで消し飛んでしまったが、数カ月後に開かれるＧエイトのロンドンサミットに向けて、アピールしようという意図があったらしい。

座長の挨拶が終わるとすぐ、気象学や海洋学、生態学、経済学などの研究者から、相次いで調査研究の成果と将来予測が発表された。私たちのような事業関係者からは、いろんな温暖化防止策が提案され、狭い会議場は息詰まるような熱気に包まれた。沖森泰行さんと私が招かれたのは、「炭と植林による炭素隔離」の調査研究結果を、ニュージーランドのピーター・リードさんの勧めで二〇〇三年に論文にして報告していたからである。[1]

最初の討議は「急激な気候変動はすでに始まっているか」という点に絞られた。その中でEUの人たちが「後戻りできないところに来ている。公式にアピールすべきだ」と強く主張していたのが印象的だった。ヨーロッパや北アメリカの人が深刻に考えるのは、それなりのわけがある。「地球温暖化」といえば、ゆっくり地球全体が暖かくなるような印象を受けるが、実際はもっと複雑で、深刻でもある。

アメリカやカナダの生態学者たちはアメリカ大陸での動物や昆虫の異常な行動を、ヨーロッパの人たちは異常気象と災害や氷河の後退などについて報告した。中でも、イギリスのサザンプトンにある海洋研究所、チンダルセンターの海洋学者が行った報告は、きわめてショッキングなものだった。

彼はよく目にする二酸化炭素の排出量と大気、陸地、海洋の温度上昇の図を示して、その関係を説明した後、赤い色に塗りつぶされた一枚の世界地図をスクリーンに映し出した。それには「二〇五〇年までに起こる温度変化、現在との比較、北半球の冬」というタイトルがついていた。温度上昇の幅が大きいほど赤色が濃く、図の上、北極近くは真っ赤になっている。彼の説明によると、一応八℃以上上がることになっているが、実際は一三度から一五度も上昇し、北極海の氷は冬の間でも見られなくなるという。当然、アラスカやグリーンランドの氷河や氷床も溶けてしまい、その冷たい真水が海に流れ出すというわけである。同時に地殻プレートの動きにも影響があるかもしれないと話した。

「大規模な海洋の変化が加速度的に進んでおり、二〇から五〇年先には急激な気候変動が起こる恐れがある。トリッガー（銃の引き金）はすでに引かれた」というのが、この会議に出席した専門家たちの一致した意見だった。

データ集積が遅れたため、最近までメカニズムがよくわからなかったそうだが、一九九〇年代の終わりごろから海洋や海流の研究が飛躍的に進んだ。その結果、温暖化の影響が強まると、海水に異常な動きが表れ、短期間のうちに急激な気候変動が起こる危険性のあることがわかってきた。事実、この後すぐ台風二三号が西日本の人工林をなぎ倒し、ハリケーン・カトリーナがニューオーリンズを襲い、スマトラで津波が起こるなど、異変が続いた。

会議から帰って、各省庁やマスコミを訪ねて会議の内容を伝えたが、関心を示した人はわずかだった。最近の気候変動は大規模になり、世界各地で災害が多発しているが、海に囲まれていて気候が比較的安定しているせいか、いまだに日本はのんびりしている。「温暖化」という用語が通用しているのも日本だけで、他の国では「気候変動（クライメート・チェンジ）」に変わっている。

このワークショップの結論は**「急激な気候変動を考慮して、速やかに実行可能な温暖化対策を立案し、G8やOECDなどへ政策提言する一方、気候変動に関する知識の普及につとめる。具体的**

方策としては温室効果ガス（ＧＨＧ）の排出量を削減し、風力や太陽光発電などの新エネルギー開発を進めるだけでなく、生産力の持続を図りながら、化石燃料の代替となる再生可能なバイオマスエネルギーの大規模開発を推進する。さらに、この提案は対発展途上国、南北問題の解決にも有効であると考える」というコメントの形で公表された。[2]

なお、なぜ急激な気候変動が起こるのか。そのメカニズムは二〇〇六年に元アメリカ副大統領ゴアさんが書いた本にわかりやすくまとめられている。[3] ノアならぬゴアさんは懸命に地球の危機を訴えているが、アメリカをはじめ、先進国の人は飽食して肥満し、お金に気をとられて、サッカーのワールドカップやオリンピックに浮かれている。世界の現状は、旧約聖書に出てくるノアの箱舟の話そっくりである。宇宙船が現代の「ノアの箱舟」だという人もいるが、緑あふれる森林こそ、多くの生き物を救う本当の箱舟ではないだろうか。

日本は植林の適地

パリの会議でも提案されたように、自然エネルギーに加えて、再生可能なバイオマスエネルギーの開発が各国で推進されるようになった。しかし、当初から懸念されていたように、大規模農業によるバイオマス生産は森林の破壊を招き、食糧供給を圧迫する恐れがある。同様に炭を土壌改良に用いて生産性を上げ、炭素の封じ込めにも役立てようという主張が世界的に高まってきたが、これもバイオマスと同じ矛盾に陥りかねない。ではどうすればいいのだろう。

現在提案されている二酸化炭素排出量の「削減努力」や炭酸ガスを地中や海中へ埋める「貯留」は、あくまでもこれから出てくるものに対する対策である。しかも、まだ試験段階でほとんど実行に移されていない。過去に放出されたものだけで、今のような大規模な気候変動が起こっているのだから、これから排出されるガスを減らすだけで、果たして間に合うのだろうか。

大気中へ出てしまったものや、これから出てくるものを、多少とも抑えることができるのは、植物、特に樹木以外に見当たらない。緑色の樹木は光合成によって炭素を固定し、木材として長期間蓄えることができる。森林は巨大な「二酸化炭素吸収源」にとどまらず、「炭素貯留の場」でもある。また、海藻群落や草原よりも、ずっと効果的に気候を緩和し、水を蓄え、多様な生物を養うことができる陸上生態系の主役である。生物の歴史を見ると、この地球生態系をコントロールしてきたのは、デボン紀の昔から樹木だったといっても過言ではないだろう。

ハイテクやバイテクによる画期的な温暖化対策技術に期待する声もあるが、まだ実際に役立つものは見えてこない。また、たとえ成功したとしても、どこまで効果があるのか、有害か無害か、確かめるのに時間がかかる。我々自身や未来に生きる人たちの命がかかっているのだから、手をこまねいて待っているわけにはいかない。今、始まった急激な気候変動を抑えるには、いかに大変でも、時間がかかっても、「木を植え、森を守る」以外に手はないのである。

海外での植林活動やその事業化に二〇年ほどかかわってきたが、以下に紹介するように、成功している事例は少ない。せっかく植えた苗が枯れ、ようやく伸び始めたと思うと焼かれ、盗伐によって荒らされてしまう。こんな失敗を繰り返すうち、自分で植えたものは、命ある限り、近くで見守っていかなければならないと思うようになった。そこで始めたのが、海岸林を再生させる「白砂青松再生の会」の活動である。[4]これもすでに五年目に入ったが、多くの方々に賛同していただき、一五府県、二〇数カ所で炭と菌根を使った植林活動が始まっている。

外国から帰ってくるとき、飛行機が日本の上空にさしかかると、いつも緑あふれる島が見えてくる。日本列島は周囲を海に囲まれているため温暖で、降水量が年平均二〇〇〇ミリを超える地域が多く、四季が規則的に変わるため植物の種類が豊富である。土さえあれば、どこにでも草木が生い茂り、外来植物でもほとんどのものが育つ。山地地形のために水はけがよく、保水性も高いので、乾燥で枯れることもない。

植物が育ちやすいだけでなく、雨量が多いために湿度が高く、森林火災が少ない。春から夏にかけて瀬戸内海地方で山火事が起こることもあるが、被害面積は多くの場合数ヘクタールにとどまっている。火の不始末や放火が問題になる例もあるが、自然発火は見られない。おそらく世界中でこれほど火事が少ない国はないだろう。

一方、江戸時代以来森林管理が徹底していたおかげで、盗伐や乱伐もなくなっている。数一〇年前までは国有林の大面積伐採が問題になることもあったが、今はそれもなくなった。山林の所有形態は複雑で、特に私有林は管理しにくいとされているが、昔からの慣例で森林組合などによる監視システムがよく働いている。これほど盗伐のない国も珍しいのである。

残念ながら、二十世紀に入ってマツ枯れが始まり、最近はナラ枯れも広がっている。そのほかさまざまな樹種が衰退しているが、山が裸になることはない。というのは、枯れた跡にすぐ別の樹種、いうなればピンチヒッターが育つからである。もっとも、そのために木が枯れることに無関心な人も多いのだが、とにかく常に緑が保たれている。

間違いなく、日本は世界の中でも指折りの森林国であり、私たちは伝統的に植林する技を身につけてきた。一般の人が、山林についての知識と技術をこれほど持っている国もまれである。条件に恵まれすぎて、そのありがたさを忘れがちだが、気候の厳しいところで植林事業に携わった経験のある人なら、誰しもこの国土の価値がわかるはずである。

日本には狭い荒れ地以外、もうほとんど植林できる土地がない。一方、中国大陸や南米、アフリカなどには広大な植林可能な土地が残されている。もし、地球環境を正常に保ちたいと願うなら、世界の人々と力を合わせて、私たちは植林活動を進めるべきではないだろうか。今や、世界の森林は**「枯れる、伐られる、燃える」**という三重苦に泣いている。技術援助や友好親善だけでなく、お願いして海外で「木を植えさせていただく」時代が始まったように思う。

1 枯れる

カラマツが枯れる

二〇〇九年九月一八日から二〇日まで、「北海道キノコの会」に招かれて話をすることになった。会場は小樽市郊外のホテル、観察会は近くの公園である。西原羊一さんや桐越達行さんたちに出迎えていただいて新千歳空港から小樽に向かった。道沿いに生えている木の様子を見ていたが、ミズナラの枯れは目につかない。その日は薄暗くなり、中国で一〇日ほど前にかかった下痢が治まったばかりだったので、早々と床に就いた。

翌朝早く目覚めたので、散歩ついでにホテルの周辺でキノコを探してみた。ベニタケやテングタケの仲間がトドマツの植え込みに出ていたが、さほど多くない。カラマツの木立の中なら、もっとあるだろうと思って入ったが、ここにもほとんどない。

上を見ると、カラマツが葉をすっかり落として裸になっている。しかし、季節からいっても落葉には早すぎる。中には葉をつけているものもあって、一度葉を落とした枝から小さな新芽が出ているものもあるなど、症状はさまざまである。奇妙なことに若い木はまだ青々としていた。

後でこの会の顧問、北海道大学名誉教授の五十嵐恒夫さんに教えていただいたが、近年カラマツにマイマイガの幼虫がつくようになり、葉が食べられて衰弱しているという。さらに、追い打ちをかけるように葉ふるい病が発生し、数年衰弱して枯れるそうである。観察会が開かれた公園の近くでは、完全に立ち枯れして幹が折れたものもあるなど、数年前からひどくなったようだった。札幌周辺でも枯れており、道南一帯や北見でも広がっているという人もいた。あまり話題にならないようだが、かなり広い範囲で枯れ出したらしい。小樽など、雪の多い日本海沿いの地域で枯れているということだから、これもナラ枯れと似た現象かもしれない。

その後、九月二八日から一〇月三日まで、「ひょうご環境創造協会」の依頼でモンゴルへ出かけることになった。同行は協会の黒田理事長と坂井さん、森林総研の大住さん、みどり公社の池田さん、コベルコの福岡さんの六名である。ちなみに、この会はモンゴルの森林再生プロジェクトを支援している県の外郭団体である。神戸の震災とモンゴルの森林火災が契機となって交流が進み、モンゴルのＮＧＯ森林フォーラムと共同で、二〇〇一年から植林事業を行っている。

関西国際空港からウランバートルまで直行便なら四時間半、北京経由だと丸一日かかる。空から見る秋のモンゴル高原は、ほとんど薄茶色に変わっていたが、ウランバートルに近づくと緑色の針葉樹林や黄色く色づいたカラマツ林が見えてきた。ところが、その中に早く落葉したのかと思われるような灰色の森が見え出した。

図 1−1　大気汚染のせいか、枯れるカラマツ。モンゴル、ウランバートル郊外。2009 年 9 月。

前にも書いたように、六年前に訪れたとき、一九七〇年代から時々ガの幼虫が大発生して、自動車がスリップするほどだったと聞いた。丸坊主になるほど葉が食べられて木が衰弱し、枯れたという。しかし、日本の縞枯れのように、枯れが一定の高度で帯状に発生していたので、都市から出る大気汚染のせいではないかと思ったものだった。[1]

当時はまだ植林活動が主だったので、講義で菌根の大切さを教え、後を研究所の岩瀬剛二さんにゆだねた。その後、彼が菌根菌を収集し、カラマツやマツなどの苗に接種する実験を行っていた。[2] ところが、わずか六年の間に枯れが急速に広がり、害虫退治をしても追いつかないため、また私にお鉢が回ってきたというわけである。

枯死に至る過程

着いた翌日すぐ、衰退状況を見るために、ウランバートルから五〇キロ北東にある、「ひょうご環境創造協会」の寄付で建てられた「モンゴル・兵庫森林再生センター」へ出かけた。案内はモンゴル環境研究所の女性研究員である。郊外へ向かうにつれて、まだ葉を残したカラマツ林が見え出したが、それでも枯れた木が多い。

　このプロジェクトは、当初森林火災跡地に木を植えることからスタートしたが、今やカラマツの集団枯れ対策のほうが主要テーマになっている。新しいセンターには害虫の写真や被害の様子を表す図表が展示してあった。

　そこに置かれていた平均的なカラマツの幹の円盤を見ると、半径一二センチほどで、一三九年生だった。寒さのために成長が遅く、年輪が詰まっている。センター周辺のカラマツは樹齢がそろっているので、その昔植えたものらしい。ということは、少なくとも一三九年間、大規模な集団枯れがなかったことになる。このあたりでは、二〇〇二年ごろから集団枯れが始まったという。

　センター近くのなだらかな斜面を登ると、枯れ木が林立し、ひどいところは全滅している。中には葉を残しているものや、萌芽枝を出しているものもある。樹木の衰退症状を診断する際に大切なことは、衰弱程度を判別して進行状態を予測することである。そこで、写真を撮ったり、根を調べたりしながら、枯れる段階を次のように区分してみた。[3]

段階0：健全な状態。葉は緑色を残し、葉量が多い。梢端が生きていて先端まで葉がついている。ただし異常気象のせいか、先端一〇センチほどが徒長し、短い葉をつけている。地表に近い細根は生きていて、菌根が見える。ただし、少ない。最近はキノコがとれなくなったという。

段階1：衰弱始まる。葉量が減る。先端は枯死するが、枝には葉が残り、わずかに樹脂が出る。細根は腐っているが、太い根からは樹脂も出る。球果の数が増えて小さくなる。
段階2：梢端と枝先が枯れる。葉量はさらに減って、幹や枝から萌芽枝が出る。枝先から樹脂が出ない。細根が大半腐り、菌根はない。球果の数は多いが、小さくなって種子が入っていない。
段階3：葉はほとんどなくなり、幹や太い枝から直接萌芽するが、葉は少ない。枝はほとんど枯死して折れる。太い根も腐っている。キクイムシが入る。
段階4：枯死したもの。幹の先端が折れて、枝も折れる。根は完全に腐り、材に昆虫の幼虫が増える。

おそらく、衰弱が始まってから枯死に至るまでに四、五年経過していると思われ、マツ材線虫病のような頓死型ではない。衰弱の進行は小樽で見たものと似ているが、寒さが厳しく成長期間が短いためか、新芽を出しているものが少ない。また、緑色の葉を残しているものでも、新芽の異常が見られる。時間がたったものは完全に立ち枯れして、根まで腐っていた。

地上部が比較的健全な木の根を掘ってみたが、深さ一五センチまでの範囲には生きた細根や菌根がない。風衝面や岩盤の位置が浅い場所で枯れが目立ち、北側の湿りやすい斜面には生き残ったものが多い。乾燥しているところほど被害を受けやすく、湿潤なところほど生き残るように思えた。土壌の水分状態と関係があるらしく、流れに沿った平地では枯れが少なかった。やはり土壌汚染によって根が障害を受け、吸水力が衰えているのだろう。温暖化の影響か、ところどころ永久凍土が溶けてマウンドができている。

調査を終えて管理人が住んでいるゲルに帰り、パンとソーセージの昼食をとった。外は冷たい風が吹いているのにゲルの中は暖かく、天井に煙出しの穴が開いているので、いたって明るい。放牧されている家畜以外、周辺にまったく人影がない。空はどこまでも青く、なだらかな草原は茶色で、大気汚染など想像できないほどの風景だった。

午後はウランバートルの南側に移動して、六年前に枯れていた場所を見た。その斜面では被害範囲が拡大し、カラマツの枯死の程度もひどくなっている。老齢樹から一〇年程度の幼樹に至るまで全滅しており、天然下種更新した芽生えがまったく見られない。林内のシラカンバも同様に枯れて、生きている灌木もわずかだった。枯れると伐採するので、切り株も多い。伐られた木の年輪は一〇〇年以上で、太いものは二〇〇年を超えていた。

こんな場所へ何度植えても、おそらくまた枯れてしまうだろう。実際、六年前に植えた苗で生き残っているものはわずかだという。おそらく、植穴周辺の土壌を改良しないまま植えると、間違いなく苗は死んでしまう。ポーランドの人が話していたように、枯れた跡地に植えるのはことのほか難しい。せっかくの努力が水の泡になる例が、このところ世界各地で増えている。

現地の研究員の説明によると、一九七〇年代から被害が断続的に発生し、害虫の種類も交替しているという。カラマツの枯死範囲は、初めウランバートルを中心に西側に広がっていたが、現在は

図 1-2　1970 年代から大気汚染で枯れ続けたポーランドの針葉樹林（ポーランド政府刊行物の表紙）。1991 年。

東側にも拡大し、とどまる気配がない。明らかに六年前に比べると、全滅に近い場所が増えている。ランドサットデータによって範囲を確定し、殺虫剤の散布や害虫の卵の収集など、いろんな防除法を試みているが、効果はほとんど上がっていない。

害虫による加害がない市内に植えられているカラマツやシラカンバにも同じような被害が出ているので、虫害は直接原因で、そのきっかけは衰弱によると考えられる。できれば、広範囲に土壌や大気の汚染状態を調べて、原因を明らかにする必要があると思われるが、現状では政治絡みで難しいらしい。

トウヒ、マツ、シラカンバも枯れる

さらに移動して、トウヒとシラカンバが交じる山を見に行った。六年前、ここにはきれいな針広混交林があったが、リゾート開発のためにかなり荒れている。シラカンバには太い幹が枯れて、根元から萌芽したものが多い。メープルシロップのように、幹に傷をつけて樹液をとるので、樹勢が衰えたともいう。根は生きているらしいが、衰弱は確実に進んでいる。ただ、不思議なことに、トウヒと交ざっているところには枯れがない。

翌日は理事長のソグトバータルさんが、ボグト山の自然保護林をぜひ見てほしいというので、案内の人たちと出かけた。ボグド山はウランバートルの南、数キロのところにある天然林で、特別保護地域になっている。六年前ソグトバータルさんと一緒に訪れたときは、まだ、シベリアアカマツ

の大木が枯れ始めたばかりだった。

保護地域の山裾にカラマツを植えたところがあるというので、まず、そこから見ることにした。案の定、遠目にも枯れが目立つ。尾根筋の高いところがひどく枯れ、山麓でも植林したカラマツが枯れている。一九七四年に植えたシベリアカラマツ、ラリックス・シビリカ（枝先が垂れ下がる）もかなり衰弱している。斜面上部は健全だが、下部で衰弱が激しくなり、山裾ではすべて枯死していた。よく枯れるので、何度も植えかえたそうだが、一九八〇年に植えたものまで枯れたので、皆伐したという。

斜面を登ると、トウヒ林に変わるが、林縁の幼樹に異常が見える。まるで芯食い虫に噛まれたように、梢端の新芽が茶色に枯れて垂れ下がっている。大きな木でも枝先の新芽がすべて下を向き、萎れて枯れていた。これでは翌年、芽が出なくなってしまうだろう。

天然林の中へ入ると、トウヒが立ち枯れして、かなりの本数が伐られ、林内が明るくなっていた。症状は芽と葉が徐々に枯れて少なくなる衰弱型で、数年かかって枯れるらしい。梢端が枯れるのは早いが、下部の枝は最後まで葉を残している。

枯れた木の樹皮の下には穿孔虫が数種類入っていたが、特に小型の半透明の幼虫が多かった。葉には黒い子囊殻を作る菌がついており、触ると葉が落ちる。いわゆる葉ふるい病に似ている。樹体が弱ってくると、虫や菌がすぐ襲いかかるので、枯死が早まるのだろう。管理人によると、斜面上部のトウヒ林は全滅したという話だった。他の地域でもトウヒが枯れ出したというので、早晩カラマツと同じように全滅するかもしれない。

特別保護区の中に作られた別荘地の奥に入ると、トウヒと同様、シベリアアカマツやゴヨウマツも枯れている。六年前に比べて枯れ範囲が拡大し、単木から集団枯死に変わっていた。これも葉が緑を残したまま葉量が減っているので、衰弱型の枯れと思われた。

枯れた木はすぐ伐採されるので、被害は目立たないが、明るい場所が増えて林内に草が侵入している。尾根沿いのシベリアアカマツはほとんどなくなったという話だった。ちなみにボグド山の管理機構が調べたところ、衰弱したマツからは、病原性があると思われるバクテリアやカビ、ウイルスなどは検出されなかったという。念のため、ゴヨウマツとシベリアアカマツの枝を採集して、線虫を取り出すように頼んでおいた。

マツがまだ健全に見えるところで、三〇センチ角に土を掘って根を調べてみた。太い根から出る不定根は見られず、一、二年前に出た若い根もすべて腐っていた。見つかるのは腐った根ばかりである。五カ所掘って、ようやくベニタケ属らしい菌根を一つだけ見つけた。調べた五カ所のうち、三カ所には生きた根がまったくない。これでは枯れるのも当然である。

この山はウランバートルの南郊にあって、市内にある石炭火力発電所から出る排煙をまともに受ける。高いところから見ていると、この日も発電所から出た煙が山に向かってたなびいていた。たぶん、土壌汚染が進んでいると思われるが、土の中で何が起こっているのか、詳しいことはわからない。日本ではマツやナラの類がそれぞれ別個に枯れているが、ここでは一網打尽、樹種にお構いなく、しかも同時に枯れているのだから、不気味である。それにしても、モンゴルの樹木枯死現象は手の施しようがないほど大規模である。果たして、ウランバートル周辺の大気汚染だけが原因なのだろうか。

経済成長と環境汚染

ウランバートルでは、六年前二カ所だった火力発電所が四カ所に増え、いずれも町の中にあって、石炭を燃料にしている。それも質の悪いものが使われているので、硫黄や窒素などの含有率が高いという噂がある。まずは脱硫・脱硝装置が必要だが、まだ設置されていない。

その上に、近年都市住民が急速に増え、石炭暖房と自動車から出る排ガスが重なるのだから、当然汚染の程度もひどくなる。ここでも、ご多分に漏れず、経済成長と自然環境との相克が始まっているが、そのスピードは先進国が経験したよりも、さらに速い。今、再開発が進んでいる中国に比べても、負けず劣らずで、大気汚染も年々深刻になっている。

帰国する前日、温度が急に下がり、寒くなった。郊外へ出ると、上空は青空だが、山の頂にかかる線から下が灰色になっていた。ゲルや家の屋根には必ず煙突が立っていて、すでに煙が立ち上がり始めている。通常は一〇月初旬に暖房が始まり、翌年の五月末まで続くそうである。もちろん、燃料は石炭だから、秋の終わりから春にかけて、逆転層によってスモッグが下がり、低く停滞する。「冬にはもっとひどくなる」というので、「来てみようか」と言ったら、「やめたほうがよい。

我々でも逃げ出したくなる」という返事が返ってきた。気管支炎やぜんそくなど、呼吸器系の疾患も確実に増えているという。

モンゴルの人口は現在約二〇〇万人、その六割がウランバートルに集中している。その結果、住宅地が郊外へ広がり、伝統的なゲルの生活を捨てて、木造一戸建てやアパート暮らしに変わる人が増えてきた。ここ数年は鉱山開発ブームで経済成長が続いており、地域では過疎化が進み、遊牧民は人口の二三パーセントに減ってしまった。

ウランバートル市内には高層建築が増えて、エネルギーと水の供給が問題になっている。もっとも、現在は財政破綻のため公共事業が縮小し、工事を中止した建物や住宅が増え、物価が上昇して失業率も上がっているともいうが。

温暖化のせいで雪が少なくなり、永久凍土が溶ける地帯が増え、これが水不足の原因になって木が衰弱するという説もある。ところが、気候変動のせいで始まった集中豪雨のため、二〇〇九年には洪水で三〇人ほどが死んだそうである。降った雨はわずか三〇ミリだが、下水道の排水口がつまり、市内に水があふれ出したため、マンホールなどの、危険な場所に住んでいた貧しい人が被害にあったらしい。ここにも確実に気候変動の影響が表れている。

市場経済に移行して車や住宅、商品は増えたが、鉱物資源だけが財政を支えているので、地場産業が少なく、先行き不安が大きい。一方、農業生産、特に畜産業が成長し、乳牛、肉牛、ヒツジ、ヤギ、ヤク、家禽類などの家畜が増え、家畜の頭数は六〇〇〇万頭に達している。何しろ、ヒツジ一頭で一家族が一週間暮らすというのだから、豊かになればなるほど、飼育頭数が増えることになる。都市近郊に放牧地が広がり、森林破壊が加速度的に進んでいる。果てしない青空と草原の国、モンゴルに憧れる人は多い。しかし、世界中どこへ行っても人間の暮らしと自然が調和する理想郷は、もう存在しないのかもしれない。

なぜカラマツなのか

致命的な病原菌や害虫が見つからないまま、なぜカラマツがこれほどひどく枯れ出したのだろう。ちなみに、カラマツの根に共生するキノコの種類はきわめて限られている。私が見た限り、日本では富士山や長野県、岩手県、北海道など、どこへ行っても同じキノコが出ている。若いころ訪れたアメリカのカスケード山脈やカナダ、アラスカなどのカラマツ林にも同じか、よく似た仲間が菌根を作っていた。また、苗圃でカラマツの苗を育てると、必ずといっていいほど、キツネタケやシロヌメリイグチは出てくるが、マツ類につきやすいヌメリイグチやチチアワタケはない。

カラマツに菌根を作るのは、シロヌメリイグチ、ハナイグチ、アミハナイグチ、ベニハナイグチ、カラマツチチタケ、キツネタケなどに限られている。どういうわけか、他のマツ科樹木のものと共通する種類が少ない。おそらく、カラマツ属がたどった進化の過程に関係しているのだろう。[4]

なぜ、カラマツ林がこれほどひどい状態に陥ったのだろう。本当に大気から始まった汚染が土壌や水に及んできたのだろうか。カラマツの分布範囲が汚染物質を運ぶ編西風の通り道に当たっているせいだろうか。菌根菌の種類が限られていると、交替する種も少ないので、ある菌が汚染物質で死ぬと、根が腐りやすくなるのだろうか。寒冷で乾燥する厳しい環境に育っているので、ことさらこたえるのだろうか。などなど、さまざまな仮説が思い浮かぶが、答えはまだ出ない。

ウランバートルの人は「これまで一〇月の満月のころには氷が張ったものだが、最近は異様に暖かい」と言う。温暖化はここでも確実に進行しており、昆虫などの生物相が変わり始めたとも考えられる。ともかく、モンゴルもアラスカ同様、温暖化と樹木枯死のショウケースといわれるほど、ひどくなり出したのは確かである。

日本での樹木枯死現象と世界に広がる森林衰退については、先に書いた本[5]の中で紹介したが、その後、西南日本でモウソウチクが集団で灰色になって枯れ、マダケが衰弱して枯れ始めた。ササにも異常が見られ、二〇一一年の春は山が茶色になるほどスギの雄花が多い。まだ本格的な樹木衰退・枯死現象は始まったばかりである。

現在、アジアの北で広がり出したカラマツやトウヒなどの枯れは、一九七〇年代に東ヨーロッパで大規模に広がった針葉樹の枯死現象とよく似ている。シベリアやサハリン、アラスカ、カナダなどでもカラマツやトウヒの仲間が枯れているそうだから、枯れる範囲は間違いなく北半球で広がっているといえるだろう。

ただし、日本列島のように、植物が育ちやすい環境では何かが枯れても、すぐ他の樹木が茂り、数年もすると何事もなかったかのようになる。そのせいか、枯れているときは大騒ぎするが、枯れが通り過ぎてしまうと忘れてしまう。これでは、いつまでたっても長期的な対策が立たない。

一方、北極圏のタイガや内陸の乾燥地、荒れ果てた土壌条件の悪いところなどでは、交替する植物種が少ないので、主要な木が枯れると、まったく異質な植生に変わってしまう。しかし、ここでも住んでいる人間が少ないために、森林の衰退はさほど話題にならず、枯れるのが自然だという意見まで出てくるようになる。森林の衰退は、ただ木が枯れるというだけではない。その中に生息していた無数の生物も含めて、生態系そのものが崩壊し、まったく別のものに変わってしまうことなのである。これは、またさらに二次、三次の変化へと続き、とどまるところを知らない。

どうすればいいのか

過去にヨーロッパ諸国で見られた大気汚染による環境破壊は、ドイツの有名なシュバルツバルト（黒い森）の衰退のように、明らかに広域汚染によるものだった。過去に石炭を大量に燃やしていたころ、アメリカの東海岸やアパラチア山脈でも広葉樹や針葉樹林の大量枯死が見られた。今もポーランドや東欧諸国では越境汚染によって被害が拡大しており、今世紀中に森林の大半が消えるのではないか、という人もいるほどである。

第二次世界大戦後、ヨーロッパでは環境汚染が大気から水や土壌へ広がり、湖水の生物が消え、樹木が大量枯死する現象が見られた。そのため、一九八〇年代に入ると、ドイツや北欧でその因果関係を研究する例が増え、菌根や根の研究者の間では、土壌汚染による根の傷害や菌根菌の消滅が衰弱を速めているという意見が多かった。ただ、残念ながら、どこでも研究者が少なく、実験では証明できても、疫学的に大面積での変化をとらえることができなかった恨みがある。

深刻な広域汚染を経験したヨーロッパでは、一九九〇年代に入ると共産圏の崩壊もあって、大気汚染を防止するための政策が強力に進められ、ある程度水質や土壌の状態がよくなったという。統一ドイツで、環境に対する国民の意識改革が始まり、「緑の党」が活躍したのもそのころである。その結果、排気ガスの処理技術が経済界に浸透し、エネルギー資源が見直され、石炭や石油による火力発電から、風力や太陽光発電など、自然エネルギーへの転換が進んだ。また、フランスでは原子力発電の比率を高め、ＥＵ諸国へエネルギー供給を行っている。周知のとおり、これらは、いずれも国民が支持する政府が主導した奨励策の成功例である。

では、日本でできることは何だろう。枯れた木をそのまま放置しておいたのでは、数年のうちに腐って二酸化炭素になり、大気中へ戻ってしまう。まず、枯れ木を燃料にすることである。薪ストーブやペレットストーブが開発され、煙の出ない熱効率のいいものも市販されている。住居や周辺の条件が許せば、長い間忘れていた火を囲んだ暮らしも楽しいことだろう。そのためには、薪を供給するシステムづくりが必要になるが、これはまた、農山村に仕事を作り、山が整備されるという点でも、大きな意義がある。枯れ木だけでなく、スギやヒノキの間伐材、茂りすぎたタケなど、いわゆるバイオマス資源は手の届くところに転がっている。環境意識の高い企業に参入してもらえれば、事業としても成り立つかもしれない。私たち日本人は、大きなことを考えず、身近で小回りのきく方法を探すのが得意なはずである。
枯死は急激に起こる現象のように見えるが、実際には何年も前から予兆があるのが一般的である。木の健康状態を診断して、衰弱の兆候を見つけて予防策を講じる仕事が、いろんな樹種で試みられている。その方法は、数年前に書いたように（小川真著『炭と菌根でよみがえる松』築地書館）、ショウロ栽培やマツの樹勢回復の実験から始まった。最近は樹木医さんたちの間に広がり、根元に炭の粉を埋める方法が、クロマツやアカマツだけでなく、サクラ、ツバキなど、多くの樹種にも使われている。炭を介して菌根が形成され、樹勢が強くなると病害虫に対する抵抗力が高まるというわけである。数年前からは、現在各地に広がっているナラ枯れを予防するために、マツの場合同様、炭を埋める試みが「NPO法人森びと」から始まった。

図1−3　手入れを中止して3年後に枯れたクロマツ林。福井県坂井市東尋坊。2003年6月。

一方、海岸林のように枯れてしまった跡が、ササやススキの原野になったところでは、表土を取り除いて整地し、マツの苗を植えなければならない。この場合も、現在「白砂青松再生の会」で推奨しているように、炭と菌根性のキノコを使う。植穴には、少量のリン酸肥料を混ぜた木炭の粉を入れる。そこへ、あらかじめショウロやコツブタケ、アミタケ、チチアワタケ、ヌメリイグチなどの菌根菌を接種しておいた苗を植える。こうすると、かなり条件が悪いところでも活着率が一〇〇パーセント近くになり、その後の成長もよい。ここ数年、地域の人たちの自主的なボランティア活動で海岸林の整備や植林が始まり、成功例が増えてきた。この方法には、木を育てることによって二酸化炭素を樹木に固定し、ささやかではあっても、炭を土に埋めることによって炭素を封じ込めるという役割がある。これは、最近世界的に地球温暖化対策の一つとして認められ始めた方法である。

図1−4　広がるナラ枯れ。次第に南下し、コナラからシイ・カシへと拡大する。中央の白い部分はすべて枯れている。京都市大文字山山麓。2010年9月。

山の木が枯れた跡に森林を再生させる場合は、環境の変化を予測して、それに適した植物種を植えるのが望ましい。しかし、残念ながら、温暖化が予想以上に早く進み、気候変動が激しくなると、何を植えればいいのか、決めかねる例が多い。たとえば、マツ類がマツ材線虫病に弱いので、その跡地に広葉樹を植えようという。しかし、この広葉樹もナラ、カシ、シイのようにカシノナガキクイムシに襲われてしまう。このように、最近は予測不能のケースが増えている。今のところ、木が枯れた後の植生遷移を記録しながら、静観したほうが賢明のように思える。多年性の樹木は、変動する環境の中で何百年も生き続けなければならないのだから、せめて単一樹種やクローン植物を植えることだけは避けてほしいと願っている。

2 伐られる

乱伐される熱帯雨林

マレーシアのクアラルンプールで飛行機を乗り継いでサラワク州へ入る。ここではマレーシア入国のときと、サバ、サラワク州へ入るときに二度入国審査がある。ボレネオ島のマレーシア領は原住民のダヤック族が、山側と海側に分かれて暮らしていたところで、今も大家族が暮らすロングハウスが残っている。

二〇〇〇年、「炭と植林による炭素乖離」プロジェクトを華僑系資本の合板製造会社と共同で進める案を環境省に提案し、調査費をもらって可能性調査を始めた[1]。このプロジェクトは廃材を炭化して、それを農業土壌の改良や植林に使い、炭素を地中に埋めようというものである。商社に紹介された相手は日本の合板会社と取引があって、会長は原住民系、社長は華僑系という会社だった。当時、株式を上場したばかりで、地球温暖化対策などの新事業にも乗り気だった。

実は、一九九〇年代の終わりごろまで、原木がマレーシアから日本へ輸出されていたので、森林

図2-1　熱帯雨林に育つフタバガキの大木。ヘクタール当たり10本前後。インドネシア・東カリマンタン、1992年。中央に見える太いフタバガキは胸高直径約1メートル。

の様子を一度見たいと思っていた。マレー半島には伐採できる森林がほとんど残っていないが、情報通によると、サラワク州にはまだ天然林があるという。そこで、この会社の紹介で伐採現場や製材工場、製炭工場などを調査することにした。とりまとめ役は沖森泰行さんである。

ボートで川をさかのぼると、確かに川沿いの波止場には大量の丸太が積み上げられ、材木を積んだ大型船が繋留されている。クチンを出て二時間ほどで船着場に到着し、そこからヘリコプターで伐採現場へ行くことになった。

急峻な山肌に沿って、霧がかかる奥地へ向かう。時々上昇気流に煽られて斜面にぶつかりそうになりながら、小型ヘリで熱帯雨林の上を飛ぶのは、あまり気持ちのいいものではない。しかし、森林の様子は手にとるようによく見える。

急斜面にヘアピンカーブの林道が蛇のようにうねり、ところどころ土砂崩れで赤土がむき出しになっている。フタバガキなどの大木はどんどん伐られ、使い物にならない木は捨てられている。伐採された材木は大型トレーラーに積まれて、ゆっくりと坂道を下っていく。

熱帯雨林を上から見ると、天辺にこんもりとした樹冠を乗せた木が、高低差を守って密生している。ところが、ここでは伐採が進んだために、いたるところに隙間、いわゆるギャップができている。眼下に広がる森林は、歯抜けの傷ついたみじめな姿に変わっていた。

尾根近くのヘリポートに降りて、地上の様子を見る。腐ったり、折れたりした木材や枝は伐り倒されて、そのまま放置され、伐採跡には草や灌木が生い茂り、山全体がひどく荒れた感じになっていた。林道は土がやわらかいために崩れやすく、いたるところで崩壊し、その土砂が渓流に流れ込んで、下流まで川の色が赤茶色になっていた。

現地では法律にのっとって択伐しているというが、どう見ても乱伐である。明らかに商品価値のあるものを求めて奥地まで入り、乱伐を繰り返してきたようである。もちろん、伐採跡に植林した形跡はない。ゾウやクジラのような大型動物の場合同様、もしもフタバガキに対する関心が高かったら、今ごろ山にバリケードが張られていたことだろう。しかし、伐採を止める官憲や自然保護団体の力もここまでは及んでいない。

聞くところによると、伐採地はマレーシアとインドネシアの国境を越えて広がり、規制がゆるいインドネシア側の木はほとんどなくなったという。川に近いマレーシア側へ出したほうが安上がりだから、木材を山越えで運んでいるのである。この後、木材会社の社長に「これから何年伐採できるのか」と聞いたら、「五年かな。伐るものがなくなったら、シンガポールへ帰るよ」と笑っていた。これが実態である。

図2-2　伐採されたフタバガキのほとんどは合板材料や板材になる。

最近は原木の輸出が制限されたので、日本の港にあった木場は姿を消したが、加工品は今も輸入されている。サラワク州で生産されている合板や家具材、建築部材などの多くは日本向けである。端材やコワ板もチップにして、パーティクルボードの材料にして輸出される。また、製材工場ではオガ屑を熱成型してオガライトを作り、これを炭化してオガライト炭を作っている。工場の管理人が言うには、「一級品は日本、二級品は韓国、残りはフィリッピン行き」とのこと。私たちは意識するしないにかかわらず、熱帯雨林の消滅に手を貸しているのである。

丸裸になった湿地林

先の会社が伐採跡地にアブラヤシ（オイルパーム）を植えているので、一度見てほしいといってきた。これも一種の植林だから、炭素固定事業の対象にならないかというわけである。というのも、ヤシ油をバイオディーゼル油として使えば、カーボンニュートラルの、いわゆる「再生可能エネルギー」になるからである。

しかし、これは甚だしい見当違い。長年荒れ地だったところにアブラヤシを植えるのならいざ知らず、伐採跡地に植えるのでは意味がない。天然林を伐って木材を使ってしまえば、それまで蓄積されていた大量の炭素が二酸化炭素になって出ていくことになる。まして、機械や自動車を使ってエネルギーを大量に消費すれば、それも排出量として加算されるのだから、逆に二酸化炭素の排出源になってしまう。

などなど、いろいろボヤキながら、車に揺られていると、海岸に近い平坦な場所に着いた。なんと、目の前は見渡す限り、木が一本もなくなった茶色の荒れ地で、その先は青い海である。湿地に育った森林を、一本残らず完全に伐採した跡だった。入ってみると、過去に倒れた幹や枝が水の中で重なり合い、腐らないまま堆積して厚い層をなしている。泥炭状になった部分もあるが、土砂は混じっていない。おそらく、はるかな昔、石炭ができた場所もこんな風だったかと思える光景だった。

何百年どころか、何千年もかかって厚く積もった植物遺体の上に、かろうじて森林が成立していたのである。極限状態に近いところほど、森林の成立には長時間を要するが、人間が伐採して自然を破壊するのには一年もかからない。今でも無惨な伐採現場を見るたびに、「何のために」という疑問が湧いてくる。

これらの森林は泥炭湿地林と呼ばれており、保護対象になっているはずだが、なぜか、インドネシアでもマレーシアでもかなり伐採されている。ここでは木材を伐り出した後、火を入れて焼き払い、泥炭や木材の間に深い溝を切って排水していた。水から出ている木材は最近腐り始めたのか、カイガラタケやヒイロタケに似た腐朽菌が出ていた。また、水温が上がってメタンが出ているのか、小さなあぶくが水底からぽつぽつと上がっては消えている。空気が入って有機物が分解し始めたのか、水もコーヒー色に変わっていた。

ゆるい起伏を利用して、盛り上がった場所に近くの丘から削ってきた赤土をかけ、穴を掘ってアブラヤシの苗を植えている。しかし、地下水位が高く、酸性土壌のために育ちが悪い。そのため、炭で何とかしたいという相談だった。廃材の炭を使えば、土壌改良できると教えているうちに、次第に腹が立ってきた。休み時間に出されたドリアンはすこぶるおいしかったが、そんなことでごまかされてはならない。

熱帯の湿地林を伐採すると、森林が破壊されるだけでなく、水の中に沈んでいた木材が分解して二酸化炭素が放出される。さらに、酸素の少ない水の中でメタン細菌が働くので、温室効果ガスのメタンが大量発生することも知られている。最近出た非政府組織「国際湿地保全連合」の報告書[2]によると、排水を進めたために放出された二酸化炭素の排出量は、一九九〇年度には約一〇億六〇〇

図2−3　アブラヤシは「環境にやさしい植物油」として、われわれの日常生活にも身近な存在だ。

○万トンだったのが、二〇〇八年度には約一三億トンになり、二〇パーセントも増加したという。この値は日本から一年間に排出される二酸化炭素の総量、約一三億トンに匹敵するそうである。

湿地からの二酸化炭素排出量が多いのは、インドネシアが約五億トン、ロシアが約一億六〇〇〇万トン（主としてシベリア）、中国が七七〇〇万トン、アメリカが六八〇〇万トン（主としてアラスカ）、フィンランドが五〇〇〇万トンと推定されている。ただし、メタンの排出量は調べられていないので、湿地林破壊による温室効果ガスの総発生量はもっと大きくなるだろう。[3]

マレーシアでは植民地時代からアブラヤシやゴムの栽培が盛んで、今もイギリス資本の大会社がプランテーションを所有している。マレー半島だけでなく、サバ州やサラワク州でもアブラヤシ農園の開発が盛んだったが、バイオマスブームが起こって、さらに乱開発が進んでいる。再生可能エネルギーといえば聞こえはいいが、金になるとわかったら最後、熱帯で森林破壊が進むのは、火を見るよりも明らかである。

先のパリの会議で欧米人たちは、バイオマスエネルギーを中南米やアフリカで生産すれば、先進国だけでなく発展途上国の利益にもつながると主張していた。しかし、私には、どうしても「ネオ植民地主義」のようにしか思えなかった。

伐採に続く素人焼畑農民

一九八九年に初めて東カリマンタンへ入ったとき、森林の状態があまりにもひどいので、「ほん

まもの の熱帯雨林」を見せてほしいと頼んでみた。ほとんどの人が見たことがないというので、一緒に出かけた。車に分乗し、バリクパパンから広い赤土の林道を数時間走ると、材木会社の基地にたどり着く。

社員が誇らしげに植林地を案内してくれたが、見渡す限り、リギダマツとマメ科のアカシア・マ

図2-4　天然林の伐採・火入れ後、アカシア、ゴムノキ、アブラヤシなどの産業造林地に変わる。

図2-5　植えられたアカシア・マンギウムは8年で伐採され、また植えられる。

ンギウムやパラセリアンサスの単純一斉林ばかりである。これらは、いずれも成長の速い外来種で、フタバガキなど、在来種の植林地はまったく見られない。しかも、パルプチップにするため、一〇年未満で伐採するというのだから、土壌の劣化は避けられない。まして、「生物多様性」などは、どこかへ吹っ飛んでしまっている。

さらに数時間奥地に入って、ようやく特別保護地域にたどり着いた。本物の熱帯雨林は鉈を振るって歩くようなジャングルではない。林内は見通しがきいて、楽に歩けるほどである。フタバガキやアガティス（ナギの仲間）などの大木が、好みに合った土壌条件のところに、かなりの高密度で育っている。林内は森閑として、セミの声ひとつ聞こえず、ひんやりと涼しい静かな別世界だった。これほど、神秘的な雰囲気が漂う森林に足を踏み入れたのは、生まれて初めてのことだった。

価値の高いフタバガキの大径木は、一ヘクタール当たり十数本しかないのが普通だそうだが、それに近づくためには林道を引かなければならない。今でこそ、大型トレーラーが入るので、搬出は楽になったが、一九六〇年代までは、海や川に近い低湿地から伐って、水路を利用して出していた。ただし、水に浮く比重の軽いものだけを運び、沈む木は残したという。今はそれも伐り出している。伐採技術が進歩し、機械や車両が高価になるにつれて、採算のとれる、見境のない乱伐が広がったのである。[4]

林業会社は択伐したというが、その後が問題である。立派な林道ができると、中小の業者が違法と知りながら、残った木を伐りに入る。伐り残された木に巻きつくとげだらけのロタンも収穫されて、森林はすっかり明るくなる。すると、見る見るうちにマカランガなど、成長の速い木が繁茂し、低灌木やヤシ、シダなどが侵入して、いわゆるジャングルになってしまう。

その後にくるのが、素人焼畑農民である。インドネシアでは、スハルト政権時代に都市に流れ込んだ低所得者層を減らすために、移民政策（トランスイミグラシ）がとられた。これは希望者に無償でカリマンタンやスマトラの国有地を払い下げ、移住民に農業をさせる一種の救済事業である。

図2−6　伐採されたアカシア・マンギウムの細い丸太はパルプ工場へ運ばれてティッシュペーパーに。

しかし、首都のジャカルタから移住した人たちは、ほとんど農業の経験がなかったという。都会育ちのにわか農民は、もちろん本当の焼畑農業を知らない。とにかく、伐採された跡地を刈り払い、乾くのを待って火を放つ。ダヤック族のように焼畑耕作の経験がないので、燃やしすぎて延焼させる場合も多かった。

完全に燃えると、消し炭も残らず、灰になって養分が流される。当然、地力が減退し、どんな作物を栽培しても三年で収穫できなくなってしまう。そのため、次々と新しい土地へ移って火を放ち、荒れ地を増やしてしまったという。いったん表土がなくなった土地は、チガヤの仲間（アランアラン）

の草原に変わり、他の植物の侵入を許さなくなる。土が痩せすぎて、アカシアでさえろくに育たないので、完全に放棄されてしまった地域が増えている。

カリマンタンでは、森林がアランアランの草原に変わるのに一〇年もかからなかったという。こんな荒れ地がスマトラやスラウェシでも年ごとに広がっていったのだから、救いがたい。大規模伐採は単に森林を破壊するというだけでなく、その基盤となる土壌まで奪ってしまいかねない。その結果、無数の生物が絶滅し、本来の生態系が消滅してしまうのである。

収奪林業と木材の浪費

熱帯の伐採現場を訪れるたびに、子供のころ樵さんたちについて行った山を思い出す。スギ林に入ると、親方が選んだ木の根元にお米とお神酒を供え、おもむろに祭文を読み上げる。終わると、子供までお神酒をいただいて柏手を打って拝んでいたものである。なぜ祈るのか尋ねたら、伐ることは木の生命を絶つことだから、山の神に許しを請うのだと、神妙な顔で話してくれた。まさに「山川草木、悉皆仏性」だった。

一九七二年から一年間、オレゴン州立大学の客員研究員として、「国際生物学事業計画（IBP）」に加わり、針葉樹林のキノコや微生物の生態を調査することになった。調査地はカスケード山脈の自然保護地域の中だが、周辺一帯は有名な木材生産地である。広い林道で行き交う大型トレーラーには、長さ三、四〇メートル、直径二メートル近いダグラスファーの丸太が積まれ、それが何台も連なって走っていた。川沿いには製材工場が立ち並び、オガ屑が山のように積み上げられ、川の水が茶色に変わっていた。

ダグラスファーは、火事跡などに入ってくる先駆植物で、樹齢五、六〇〇年、平均胸高直径二メートル、樹高七〇メートルを超える大木である。林内には次世代のモミやトウヒの仲間が入り、天然の複層林を作っている。過去に伐採された木はかなり高い位置で伐られており、伐り株の高さはゆうに三メートルを超えていた。これは昔、雪が積もる冬に橇に乗せて搬出したためだという。

一方、伐採跡地は見渡す限りアスペンやナナカマドの低灌木林に変わっていた。当時はまだ伐採した後に植林する例が少なく、ほとんど放置状態だったので、若い針葉樹はほとんど見られなかった。その後数年たって、有名な木材会社のウェアーハウザーが、「わが社もダグラスファーの苗を植える植林事業を始めた」というテレビコマーシャルを流す程度だった。アメリカの林業もさほどのことはないという印象が強かったが、今あの伐採跡地はどうなっているのだろう。アメリカには山の神がいない。

アメリカの大都会にはコンクリートのビルディングが林立しているが、郊外の一戸建て住宅の大半は木造で、いわゆるツーバイフォー式のものが多い。組み立てた木の枠を立て並べ、ガンで釘をバシバシと打ち込んで、あっという間に建ててしまう。木目を楽しむこともないので、すべてペンキで塗りつぶし、接着剤で壁紙やフロアーを貼り付けると出来上がり。昔のように一〇〇年以上ももたせて、古材を何度も使うような手間はかけない。家は消耗品で、耐用年数はおよそ三〇年だという。

最近は日本でも家の寿命が短くなり、壊して建て替えるのが流行っているが、これもアメリカナイズの結果である。今、建築廃材を炭化して土壌改良材にしようとしているが、最近の建材はペイントや防蟻剤など、重金属やヒ素を含んでいるものが多く、使い物にならない。長年木材を使い、リサイクルできる状態に保っておけば、むやみに伐採することもないと思うのだが、今や古民家は贅沢品になっている。

その後、数年して訪れたアラスカでも伐採が進み、東海岸のローソンヒノキの森林は伐り残した貧弱な木だけの荒れ地に変わっていた。当時から、まるで大きなバリカンのような機械で根元からはさみ伐りし、枝をしごいて落として樹皮をむき、そのままトレーラーに積んで搬出していたのだから、森林破壊が急速に進んだのも当然である。

森林がなくなると、陽が当たって地表の温度が上がる。そのせいで永久凍土が溶け、水たまりができて蚊が大発生し、メタンガスが出る。家が傾き、鉄道線路が曲がり、石油のパイプラインも上がったり下がったりするという話だった。

今、大面積伐採のためにシベリアでも同じ現象が広がり、温暖化に拍車をかけている。[5] 樹木の育ちが遅く、有機物が蓄積しやすい北のほうほど、森林を守らなければならないのだが、乱伐は一向に止まりそうにない。大森林の中にそびえたつ巨木を見上げると、いつも収奪林業の愚かさと、その跡に小さな苗木を植えることの虚しさに腹が立ってくるのは、私だけではないだろう。

荒廃するロシアの伐採跡地

このような大規模な収奪林業は、何もアメリカに限ったことではない。冷戦時代に対決していたロシアでも、同様の伐採が進んでいた。第二次世界大戦後、シベリアに抑留された日本兵が戦犯になり、十数年にわたって伐採作業に使役されたのは紛れもない事実である。ロシアの国境に近いモンゴル奥地には、今も広大な伐採跡地が不毛のまま放置されている。

二〇〇四年八月二五日、「ひょうご環境創造協会」の植林成績調査に加わって、ウランバートルの北、約四〇〇キロの地点にあるボルガン県ヒャルガナットを訪ねた[5]。道路はかなり整備されているが、それでも目的地までは半日がかりの行程である。ウランバートルは高地にあるので、北へ行くほど低く、オルホン川やセレンゲ川はすべてバイカル湖にそそいでいる。その昔、テムジンが活躍したところだそうだが、途中に広い農業地帯がある。空気は澄みきって八月末だというのに、夜は震え上がるほど冷え込んだ。これではウオッカをガブ飲みするはずである。

さっそく、マツの苗圃へ案内されたが、土は黒ボク土に似た良質の土壌だった。成長にも、ばらつきがない。根を掘り上げてみると、アミタケ属のものと思われる白い菌根がよくついていた。肥料を使っていないので、菌根ができやすいのだろう。

ほとんど問題がないので、このままでよいと言ったが、若い管理人が研究熱心で、次々と質問を投げかける。言葉が通じれば、丁寧に教えてあげられるのだが、いつものことながらもどかしい。最近聞いた話だが、この若者も都会へ出て、まったく関係のない仕事に就いたそうである。

遅い昼食で仔ヒツジの蒸し焼き料理をたいらげ、植林地へ向かった。セレンゲ川の近くを通ったとき、丘のようなオガ屑の山があった。シベリアやサハリンでも同じだが、年中温度が低く、冬は凍結するので、オガ屑が腐らず、燃料にもできない。夏の間に乾燥してオガライトにし、炭化すれば、上等の燃料になるはずだが、試したことがないという。

近くには閉鎖された製材工場や職員宿舎が、ほとんど廃屋になったまま放置されている。ちょっとした田舎町ほどの大きさで、鉄道も通っていたらしいが、今は人影もない。いくつもあるオガ屑の山から推して、一体どれほどの木材が製材されたのか、計り知れない量である。

今でもシベリアの奥地から、シラカンバやマツの丸太を積んだ長い貨物列車が、延々と連なって南下している。なんと、行き先はウランバートル経由、中国行きだった。これがシラカンバの割りばしになって、日本へやってくるらしい。ちなみに、二〇一〇年六月二六日付の京都新聞によると、中国で一年間に使われる割りばしは四五〇億膳で、丸太にすると二五〇〇万本になるという。

日本のボランティアが植えている場所は、火災跡地だと思っていたら、ほとんど伐採跡地だった。切り株の年輪を数えると、目が詰まっていて、ゆうに三〇〇年はたっていた。伐採の後、火入れをしたのか、焦げた倒木が転がっている。

植えた苗の生育状態を見ると、悪いものもあるが、何とかもちそうである。植林されたマツの活着率は七〇—九〇パーセントだそうだが、時期を選んで植えれば一〇〇パーセント近くになるはずである。九月に植えると、根が伸びる期間が短く、乾燥が続くと枯死しやすい。五月に植えると、根が十分伸びるので、活着率が高くなるのが普通である。冬の凍結に耐えるには、三年生苗を植えたほうがよいという意見もあるが、天然下種した実生苗が十分育っているのだから、種をまくだけでも生き残れそうに思えた。

道路沿いに伐り残された大きなマツが数本立っていたが、それが母樹になったのだろう。下には天然下種で生えた樹齢の異なる若いマツが元気よく育っていた。もちろん根には菌根がしっかりとついている。おそらく、土がむき出しになっていたのがよかったのだろう。条件さえよければ、わざわざ植えなくても、地表をはいで整地しておくだけで、マツ林は再生するはずである。母樹を残さなかったところでは、植えざるを得ないが、天然更新したマツのほうが、よく根を張って元気に育ってくれる。

この植林地の周辺は見渡す限り伐採されて、残された木はほとんど見当たらない。よくもこれほど伐ったものだと思ったが、ソ連邦時代にモンゴルの国内でロシアが伐採したと聞いて、ますます呆れてしまった。森林の真ん中に製材工場を建て、加工して運び出したという。石油や化学肥料、軍備を供給する代償に、天然資源を巻き上げていたのだが、これでは帝国主義と変わるところがない。

山河破れて国なし

戦後、日本で木材資源が枯渇したころ、「今後は南方に資源を求めるべきだ」という政策が決定され、林野庁に外郭団体を作って東南アジアへ進出することになったという。その後、一九八〇年代には木材輸入が自由化され、原木や加工品が大量に海外から入るようになり、国内の林業やその関連企業が衰退してしまった。[6]

国産材時代の到来を期待して、「一斉拡大造林」されたスギ、ヒノキ、カラマツなどの人工林は手入れ不足になり、間伐材もそのまま林内に捨てられている。過去に比べると減ったとはいえ、今も東南アジアで伐採される木材の五割以上が輸出されており、わが国の二〇〇七年度の木材自給率は二二・六パーセントにすぎない。[7]

かつて、海外での林業技術協力事業が問題になったとき、「乱伐に加担すべきではない」と言ったら、上のほうから「相手が売りたいから、買っているだけだ」という答えがかえってきた。しかし、現地はそんな言い訳が通用しないほど、ひどい状態に陥っているのである。一〇年ほど前のこと、東南アジアからのＪＩＣＡ研修生を野外観察に連れて行ったことがある。すると、その中の一人が枯れたマツや放置されたスギの間伐材を見て、「日本には木材がたくさんあるのに、なぜまだ買うのか」と言った。その一言が、今も耳に残っている。木材を売る側と買う側、そこから利益を得る人の間に大きなずれがあることは否めない。

太古の昔から今日に至るまで、森林は環境としても、資源としても大切な存在であり続けた。しかし、今や地球規模で危機的状態に陥っている。森林を破壊して農地や放牧地を広げたのも、木を伐って燃料にしながら鉱工業を発達させ、紙の文明を作り上げたのも、すべて先進国である。この破壊行為は、歴史上常に深刻な結果を招いてきた。

一方、「木を伐るな」「森林を守れ」というかけ声は盛んだが、人があふれる東南アジアの国々を見ていると、それだけでいいのかと思う。発展途上国では、もっと切実に人と森が共存できる仕組みが求められているのである。

洋の東西を問わず、長い歴史を見ると、いつの時代も高度な文化・文明を誇った国々は、いずれも緑を失って姿を消すか、見る影もない状態に陥ってしまった。「国破れて山河あり」というが、実のところは「山河破れて国なし」なのである。では、私たちは、どうすればいいのだろう。いくつかの方法を考えてみよう。

一つは、木質資源の無駄使いをやめ、農作物並に木材の輸入量を抑え、紙や建築材などのリサイクルを促進することである。その中には再生紙利用や炭化事業、燃料利用などが含まれる。今でも、相当努力しているというが、国内の荒れた山と海外の伐採跡地を見比べれば、言い訳は通用しないはずである。もちろん、海外での盗伐禁止キャンペーンや環境教育に参加することも大切である。

もう一つは、海外植林である。大量の木材を輸入し、浪費といわれるほどの使い方をしてきた罪滅ぼしのためにも、海外での植林支援事業は避けて通れないはずである。後に触れるように、この事業はＪＩＣＡやボランテイア団体を通じて、今も盛んに行われているが、いつも悩まされているのが資金である。植林には相当の経費がかかり、期間が長いために累積赤字は莫大な額に上る。しかも、当然のことながら、木が育っても収益はほとんど見込めない。そのため、せっかく軌道に乗り出したと思ったころに破綻してしまう事業が多いのが実情である。

私たちが、海外で十数年間研究開発事業を行ったように、関西電力のような大企業が、社会貢献の一つとして資金援助をしてくれれば、思いのほかいい成果が得られ、考え方や技術を相手国に残すこともできる。また、海外で共同実施することによって得られる、人脈づくりという副次効果は思いのほか大きい。無償で一〇年以上支援すれば、その企業の名前が広がり、共同事業の輪が広がるはずである。特に、大学などの教育機関を支援すれば、研究や奨学金などを通じて若い世代とのつながりが生まれる。功利的に聞こえるかもしれないが、人の交流を通じて将来の保証が得られることは、平和の維持に直結する。資源を海外に依存し、貿易によって生きるわが国にとって、世界平和は生き残るための必須条件であり、無形の国益にもつながると思われる。

歴史的に見て世界中の緑が減っていく中で、緑を失わず、ギリギリのところで踏みとどまったのが、気象条件に恵まれた島国の日本だった。ありがたいことに、森林を支える水や土壌、微生物や動物などが豊かなため、どこでも木が育ってくれる。さらに、仏教のおかげで長い間肉食を避けてきたため、放牧地も少ない。

目立たないことだが、そんな環境に育ってきた私たちには、木を植え、森を育てる知識と技術がある。まずは、それをもとにして海外で使える技術を工夫し、伝えていこう。国内で木を伐った跡には、二酸化炭素固定能力を高めるため、もろい単純一斉林ではなく、環境変化に耐えられる針広混交林を仕立てよう。いずれ、化石燃料がなくなったときに日本の国が頼れるのは、自然エネルギーとバイオマスだけになるはずである。五〇年後か一〇〇年後に間違いなくやってくるエネルギー危機に対処するため、今、木を植え、本気で森林整備を進めなければならないのである。

3 燃える

山火事に追われる

ムラワルマン大学の演習林は、バリクパパンからサマリンダへ抜ける国道沿いにある。スハルト政権時代に設置されたので、ブキットスハルト（スハルトの丘）という名前がついている。一応天然林とされているが、過去に伐採されてフタバガキがわずかに残っている程度の二次林である。

熱帯雨林は生物種が多いと聞いていたが、意外に昼間は静かだった。動物は温度が高すぎるのか、ほとんど夜行性で、明け方と夕方だけ賑やかになる。そのため、現地の人は夜になると魔物が徘徊するといって、絶対森の中へ入らない。今でも精霊信仰が残っていて、怨霊や呪いにまつわる話が多い。確かに、うっそうと茂る熱帯雨林はどこか神秘的で、なんとなく不気味である。

熱帯雨林は涼しいと期待していたが、ここでは風も吹かず、陽が昇ると林内でも格別の暑さになる。もっとも、四五℃近くまで上がる街の中に比べれば、多少ましだが、数時間働いているとめまいがするほど暑い。そのため、日の出とともに働き、昼前に休み、陽が傾くまで昼寝をするのが普通で、お祭りでもないのに夜の街が賑わう。

　こんな暑い森の中に座り込んで地表に方形の枠を置き、落ち葉や根を切り取って重さを量っていた。熱帯林では分解が早いために落ち葉の層がきわめて薄いので、仕事は楽だった。鉱質土層は粘土質の赤黄色土で硬く、太い根が地表を走り、細い吸収根も落ち葉の下に集っている。分解した無機物を根が待ったなしに吸収するのだろう。

　ふと足元を見ると、黒い細長いものが何匹もヒョコヒョコと頭をもたげて寄ってくる。これが音に聞くヒルの襲撃である。湿度が高いので、どこへ行ってもヒルが多い。インドネシア人が教えてくれた防ぎ方は、メリケン粉の布袋で作った大きな靴下をはくことだった。こうすると、生地の目が細かいので、ヒルがとりつかない。ヒルに食われたら、煙草の煙を吹きかけて落とすが、いつまでも血が止まらず、痒さが残るので往生した。

　森林に火を放つのは、もちろん悪いことだが、こんな風に毎日働いていると、つい火をつけたい衝動に駆られる。熱帯雨林の中にいると、息詰まるような蒸し暑さに包まれ、一種独特の閉塞感にとらわれてしまう。「いっそ、燃やしてしまえ」という気持ちもわからぬでもない。とにかく、人間が暮らすには適さないところである。

　演習林で仕事をしていると風向きによって、石炭が燃えたときに出る独特の臭いが漂ってくる。露天掘りできるほどではないが、林内には褐炭の層があって、地下で何年もくすぶり続け、乾季になると時々自然発火する。それが一挙に落ち葉から木に燃え移り、山火事になるという話だった。

図３−１　焼畑から飛び火して燃え広がる森林火災。インドネシア東カリマンタン。

ある日、フタバガキの見本園で仕事をしていたら、石炭の燃える臭いがきつくなった。立ち上がって見ると、上のほうに薄い煙がただよっている。しばらくすると、作業員たちがシャベルを担いで坂道を駆け上って行った。「すわ火事だ」と、道具を放り出して現場へ駆けつけた。みんな血相を変えて消火に懸命である。火は線状になって進み、枯れた木に行き当たると、メラメラと燃え上がる。周囲が見えなくなるほど煙が立ち込め、火の粉が飛び散る。シャベルや鍬で土をかけて消そうとするが、乾季で土が乾いているので、効果が上がらない。

水で消火することになって、水運びのチームに加わった。演習林事務所には山火事に備えて、三〇リットル入りの大きなリュックのような水袋が備えてある。これを倉庫から引っ張り出して水を詰め、トラックに載せて運び上げる。現場に着くと、水袋を背負って斜面を走る。水袋は腰が抜けるほど重く、足が滑って煙にまかれそうになる。三回ほど運んだが、喉はカラカラ、息切れと暑さで卒倒しそうになった。これこそ年寄りの冷や水、早々にリタイアさせてもらった。実際、水で消火するのにも限度があって、このときもほとんど叩き消すか、土をかけて延焼をふせいだ。

子供のころ経験した日本の山火事に比べると、熱帯雨林の火事は恐ろしい。乾季だと、火勢がことのほか強く、いったん収まったように見えても、思わぬところから炎が噴き出す。火災によって強風が発生するので、火の方向が定まらず、下手をすると火に巻き込まれてしまう。煙が来る風上は危ないので、できるだけ風下に回るのが常識だが、よほど冷静でないと判断を誤る。周囲に燃えるものがなくなれば、火は自然に収まる。そのため、一定間隔で灌木を刈り払って燃やし、防火帯を作るのが普通の消火法である。

図3-2　山火事の跡。火が地表を這って落ち葉や下草を焼き、幹が焼かれて立木も枯れる。

一度演習林からサマリンダへ帰る途中、火事に出くわした。朝通ったときは、遠くのほうに焼畑の煙が立ち上っている程度だった。ところが、帰りには火の前線が道路から一キロほどのところまで迫っていた。もうもうと上がる煙の中から、赤い舌のような炎がメラメラと立ち上り、バリバリと音を立てて横一線になって近づいてくる。これはいいチャンスだと思って、車を降りて写真を撮っていたら、運転手が「早く乗れ」とわめいている。

と思ったら、横殴りの風が急に吹き出して、一挙に道路まで火が押し寄せてきた。慌ててジープにとび乗り、フルスピードで逃げたが、車を止めていた場所は見る見るうちに煙に飲み込まれてしまった。火は道路を横切って枯草に燃え移り、近くにあった大きな木造の家を焼き尽くし、バナナ畑にかかって、ようやく収まった。ちなみに、バナナは水分が多いので、火事を防ぐために家や畑の周りに植えるという。

焼畑の功罪

一九九二年から、ガジャマダ大学と熱帯雨林再生の共同研究を始めることになったので、スマトラにある演習林の下見をすることになった。林学部のスハルディさんやスリオさんと一緒にスカルノ・ハッタ空港から早朝の便に乗って、スマトラのジャンビへ向かう予定だった。ところが、空港へ行くと、スモッグのためにキャンセルになったという。何とか私だけが午後一番の便に乗り込んだが、同行の二人は別の便でかなり離れたパレンバンに降りて、そこからタクシーで追いかけてくることになった。

飛行機がジャンビ空港に近づいても、下は灰色で何も見えず、ぐるぐる旋回して煙が薄れるのをしばらく待った。やっと着いたと思ったら、煙の臭いが立ち込め、晴天のはずなのにどんよりと曇っている。いつものことらしく、スチュワーデスも空港職員も何も言わない。

ホテルに入って待っていたが、一向に連絡がない。仕方なく仮眠していたら、深夜に叩き起こされた。聞くと、飛行機がさらに遅れ、車で五時間もかかってやってきたという。それから屋台の怪しげな食べ物を詰め込んで車を雇い、演習林へ向かった。土埃がもうもうと舞い上がる深夜のでこぼこ道を六時間かけて走り、田舎町の宿に入ったころには夜が明けていた。当時のインドネシアでは、こんなことも日常茶飯事だった。お互いまだ若かったので、何とかしのげたが、「ティダパパ（平気、平気）」と笑っていられないほどの旅だった。

少し休憩して朝食をとり、演習林へ向かった。道沿いはひどく荒れて、森林といえるほどのものはなくなり、焼け跡が延々と続く。そこには列状にアブラヤシの苗が植えられ、雑草すらない。日本企業との合弁会社が、二次林を一年で八〇〇〇ヘクタール焼き払い、アブラヤシ園に変えたという。

スマトラでは、いたるところで二次林を伐採して、ゴム園やアブラヤシ園に変えている。聞くところによると、天然林は国立公園に残っているというが、それも盗伐されているそうである。

これほどの大面積を、何カ所も毎年焼き払うのだから、煙で飛行機が飛べなくなっても不思議ではない。スマトラの煙は西風に乗ってバシー海峡を越え、シンガポールやマレーシアに達し、煙公害を引き起こしていた。今でも乾季になると、シンガポールの町に煙の臭いが漂い、のどがえがらっぽくなるほどである。東南アジアの森林火災は、多くの場合焼畑の火が燃え広がったか、大規模農園の開発によるもので、いずれも人為的な火災である。

焼畑は悪者扱いされるが、アジアだけでなく、アフリカや中南米などの熱帯地域では、伝統的に原住民による焼き畑耕作が行われてきた。日本でも、九州や四国など、比較的温暖な地方では焼き畑でソバやマメなどが栽培されていた。韓国や中国でも火田と称する焼畑耕作は、最近まで一般的な農法だった。

パプアニューギニアでも、原住民がナンヨウブナの森の一部を伐って焼き払い、タロイモやヤムイモを栽培している。最近は人口が増えて耕作面積が広がり、問題になっているが、以前は当たり前のことだった。インドネシアでもカリマンタンの奥地に暮らすモンゴロイド系のダヤック族の焼畑耕作はよく知られている。[1] 彼らは場所を決めて小面積を伐採し、雨季に入る前に火をつける。こうすると、雨によって火が自然に消えるので灰にならず、消し炭が残り、土に埋もれている根も蒸し焼きになる。土が焼かれると、雑草の種が消えて害虫もいなくなり、灰に含まれているミネラルが植物の栄養になる。

図3-3　天然林伐採の跡。火入れして陸稲などを3年間栽培し、放棄した焼畑跡地。イネ科のアランアランしか生えない。

このように、伝統的な方法にしたがって焼畑耕作をしている限りは、森林破壊も土壌の劣化もさほど問題にはならない。しかし、先にも触れたように、最近は経験不足の農民が増え、企業が農園開発のために大面積を焼き払う荒っぽいやり方が一般化したため、世界のいたるところで森林が失われ、荒れ地や放棄地が増えているのである。

では、なぜ熱帯で焼畑耕作ができるのだろう。実は、熱帯や亜熱帯の土壌は寒冷な地域の土に比べて高い頻度で空中窒素固定菌を含んでいると思える証拠がある。一九二四年に東京帝国大学農学部の麻生教授らが、農商務省に提出した報告書に興味深い調査結果が載っていた。[2] 当時は化学肥料が高価だったため、微生物を利用した農業技術の開発が望まれていた。そこで、麻生教授のグループは基礎知識を得るため、日本の耕地土壌に生息する窒素固定菌、アゾトバクターの出現頻度を調べた。

報告書によると、北海道から台湾に至る全土の畑地土壌を対象にして、数百地点で土壌サンプルをとり、空中窒素固定菌を分離培養している。その結果、アゾトバクターの分離頻度は北海道、東北、北陸で一〇―一五パーセント、関東、東海、近畿、中国、四国で三六―四八パーセント、九州、沖縄、台湾では五九―六六パーセントになった。その分離頻度は北から南へ移るにつれて、明らかに高くなっている。

特に分離頻度が高かった地点には「木灰使用」という註がついていた。竈や風呂で薪を燃した後に出る木灰には、必ず消し炭が混じっている。要するに炭があれば、空中窒素固定菌が増えやすいというわけである。おそらく、窒素固定菌がアルカリ性の炭の中で繁殖するので、窒素の量がわずかに増え、炭に引き寄せられた根がそれを吸収し、作物がよく育つということらしい。

なお、この報告書の序文には「一九二二年の関東大震災によって、ほとんどの資料をなくしたが、この部分が焼失を免れたので公表する」と書かれていた。私は林業試験場土壌微生物研究室の前任者、植村誠二さんの遺品の中から見つけて読ませていただいた。大変貴重な論文だが、その後引用されたためしがない。

その後、折を見てインドネシアやマレーシアの畑地土壌を集め、窒素固定菌を分離してみたが、その出現頻度はいつも一〇〇パーセントに近かった。もっとも、熱帯の空中窒素固定菌は、酸性土壌に多いバイエリンキアである。[3]

インドネシアに滞在中、焼畑から炭のかけらを集め、細菌を分離してみると、確かに炭の周辺でわずかに空中窒素固定菌が増えていた。実際、熱帯の痩せた赤土に炭を加えると、細菌がよく繁殖し、窒素固定菌が増えることも確かめた。[4] ただし、窒素の増加量が少なすぎるため、実験的に証明するのは難しく、このテーマは中途半端に終わっている。

どうやら、焼畑農業の背景には、目に見えない細菌の働きがあるらしい。焼畑と土に炭を加えることは、原理的に類似した現象といえるだろう。あまり研究されていないが、熱帯土壌は思いのほ

図3−4　アマゾン流域の黄色土。酸性が強く粘土質。炭があれば空中窒素固定菌が増えやすく、作物がよく育つ。ブラジル、アマゾナス州。

か微生物に支えられた高い生産性を持っているように思える。山火事は望ましいことではないが、歴史的に見て火が農業に果たした役割は、かなり大きい。

ユーカリと火

イギリスのプリマス港を出て、ニュージーランド沿岸の測量を終えたエンデバー号がオーストラリアの東海岸にたどり着いたのは、一七七〇年四月一九日のことだった。船長は、三回にわたる大航海によってオーストラリアを発見し、南極大陸に近づき、南半球各地の地図を作成したジェームス・クックである。[5]当時の測量船には必ず生物学や地理学、天文学の専門家が同乗していたが、この船には、後にバンクシャーマツなどに名が残るバンクスが乗っていた。

この日、船が海岸に近づくと、遠くに何本も立ち上る煙が見えたという。オーストラリア大陸には、元来穀物がとれる植物や家畜になる適当な動物がいなかった。そのため、原住民はユーカリの森林に火を放ち、動物を追い出して狩りをしていた。アボリジニが長年にわたって森林を焼いたので、火災に強いユーカリだけが残ったという説もある。[6]

オーストラリア産樹木の大部分は、フトモモ科に属するユーカリだが、一つの属にまとめるのが無理と思われるぐらい、変異に富んでいる。中には樹形や樹皮などが北半球のマツやナラ類、ポプラなどにそっくりのものがある。樹皮が厚く、火に強いものも多く、ユーカリの中には火で焼かれないと、はじけない実をつける種類がある。[7]

たとえば、カリーという西オーストラリアのユーカリは、西南海岸にアカマツ林に似た見事な森林を作る。この木は樹高五〇メートル、胸高直径が一メートルを超える大木になり、樹皮が赤く、樹冠がマツによく似ている。立派な天然林はまるで霧島のマツ林のようだった。

林内は明るく、シダやハギに似たマメ科の灌木以外、下生えはない。案内板には、火事で種子が焼かれると発芽し、芽生えは灰や炭のあるところで育つ。それがないと、カリー林は更新しないと書いてあった。また、下にはマメ科の灌木が必ず随伴し、根粒で固定された窒素がカリーの成長に役立っているともいう。おそらく、根粒菌や菌根菌には炭を好む性質があるので、カリーとマメ科植物の相性がいいのだろう。自然植生そのものが、山火事と結びついている面白い例である。

アメリカのカスケード山脈やロッキー山脈にも同じような例がある。大木になるポンデローサマツも火と関係が深く、地面を這う程度の弱い火にあうと、マツかさがはじけて種子が飛び出すので、火災の後に更新しやすい。しかし、近年防火対策が強化されたため、天然更新がうまく進まず、若いポンデローサマツの森林が減っているそうである。

雨量が多い東オーストラリアには、火が入らなかった森林も残っているが、乾燥する西オーストラリアの大きいユーカリの幹には、必ずといっていいほど焦げた跡がある。地面を這う火のことを、「サーフェースファイア」というが、下生えの少ない西オーストラリアの森林では、地表をなめる程度の火災が多い。ユーカリ林には腐りにくい落ち葉がたまっているので、メラメラと燃え上がるだけで、火が止まってしまう。そのため、大きい木は下のほうが焦げても生き残り、枝葉が幹の途中や根元から再生する例が多い。もっとも、ユーカリは葉に油分を持っているので、炎が高く上がると、大きな木まで燃えてしまう。

オーストラリア大陸に孤立して進化したユーカリは、乾燥と火災に適応したグループのようである。ユーカリやマメの仲間に限らず、度重なる森林火災を経て、灰や炭とともに育ってきた植物は、この地球上に存外多いのかもしれない。

西オーストラリアでコムギ畑を見に行ったときのこと、排水溝の断面に炭の層を見つけた。いわゆる埋没炭である。これは過去の森林火災で燃えた木が炭になって埋もれたものである。最近の調査によると、アボリジニの住居跡や火災の跡から何千年もたった炭が見つかっているという。

アマゾンに立つ煙

二〇一〇年八月一一日から、アマゾン州立大学の山根徹男さんのお世話で、関西産業の梅沢美明さんと一緒にブラジルへ出かけることになった。山根さんは日系二世で、サンパウロ生まれ、誰に対しても穏やかな方である。ポルトガル語はもちろん、英語、日本語を自由に操り、七九歳とは思えないほど元気で、一五日間炎暑の中を私たちに付き合ってくださった。生化学と分子生物学が専門で、現在はアマゾン州立大学生物工学部と国立科学技術研究所の顧問である。山根さんはアマゾン州の産業振興と環境保全に強い関心を抱いて活動されている方である。三年ほど前のこと、ブラジルから炭の農業利用について教えてほしいというメールが届いた。以前、筑波大学にいたブラジルの人にダイズ栽培に炭を使う方法を教えたことがあったので、その関係かと思ったら違っていた。後で聞いたところ、人づてに私のことを知ったということだった。

二〇〇〇年代に入って、アマゾン流域にある黒い土（テラプレタ）が、欧米の研究者たちの手で研究され、世界的に注目されるようになった。[8] この黒い土は、その昔原住民のインディオが炭を使って農業をいとなんでいた跡とされ、作物や樹木の成長がよいことで知られている。そのため、山根さんは炭の利用が進んでいる日本からその知識を取り入れて、アマゾン流域の森林破壊につながる焼畑農業を抑え、持続性のある農業を勧めたいと願っておられた。

所用で二〇〇八年に来日されたとき、京都でお会いした。ブラジルにある炭の原料がヤシガラや果実の殻だと聞いていたので、モミガラくん炭の製造機メーカー、滋賀県彦根市にある関西産業を紹介した。そこで梅沢さんから炭化機の説明を受けたり、愛東町にある菜の花館を見学したりしていただいた。そのとき、梅沢さんの叔父さんがトメアスでコショウ栽培をしているという話が出て、ぜひアマゾンへということになった。人のつながりとは、不思議なものである。

ブラジルでは製鉄用に木炭を使っていたので、製炭技術はよく知られており、大型の炭化炉が稼働していたという。しかし、バイオチャーの生産はこれからで、実際に使っている例はまだない。

成田からニューヨーク経由で二四時間かけて、涼しいサンパウロへ飛び、時差ボケをなおしてから、さらに四時間かけてサンパウロからマナウスへ飛ぶ。飛行機がアマゾン河に近づくにつれて、眼下が靄に包まれだした。低空飛行に移ると、あちこちに立ち上る白い煙の柱が見える。乾季に入って火をつけている焼き畑の煙である。アマゾンでは雨季と乾季が明瞭で、六月から一一月は雨が少なく、からからに乾くので、この時期に森林を伐採して焼く。

空港を出ると、熱帯特有のムッとする空気が押し寄せてきた。サンパウロに比べて、かなり蒸し暑い。山根さんによると、サンパウロの人はアマゾンへ行くのも嫌うという話、それほどひどいところと思われているらしい。

この日は晴天のはずだったが、それにしても遠くが見えないほどにかすんでいる。雨が降ると、空が晴れてきれいになるそうだから、相当なスモッグである。最近、開発され出した工業団地や車から出る排気ガスに焼畑の煙が加わるので、ひどくなったのだろう。昼間は黄色く見えていた太陽が、夕方には光のない朱色の円盤のように見えた。煙が光を遮り、黒いフィルターをかけたようになっている。

このスモッグの規模は、インドネシアの比ではない。煙の臭いはないが、ちょうど焼き畑の季節で、燃えている範囲はずっと広い。最近、都市近郊では焼き畑を禁止したというが、小規模なものはまだ黙認されている。一方、奥地では監視の目が行き届かないので、いまだに焼き畑が盛んに行われているという。

保護地域以外の二次林地帯に入植すると、一家族当たり二五ヘクタールの土地が与えられる。その二次林を伐採して、乾季になって倒した木が乾くと火を放つ。さらに、この火が延焼して大規模な森林火災になることも珍しくない。焼いた跡を見ると、灰とわずかな消し炭が残っているだけで、まったく何もない。乾いた薪を積んで焼くようなものだから、表土まで焦げている。表土が焼き土になると、雑草や病原菌、害虫などもいなくなるので、作物が育ちやすい。

しかし、もともと落ち葉の層がきわめて薄いので、土がむき出しになり、雨が降ると表土が流れやすい。雨季が始まると、ここへ陸稲やマメなどを植えるが、収量は低く、二、三年で作物がとれなくなる。そこで、新しい場所へ移動して、また焼き畑を繰り返す。そのため年を追って焼き畑跡地が広がり、荒れ地が増えていく。

耕作をやめて一年たつと、ワラビに似たシダ類が一面に茂ったり、イネ科の草が生えたりして木も育たなくなる。ここが二次林になるには、また一五年以上かかるという。農民にすれば、耕作地を放棄しても、すぐ木や草が生えてきてもとのようになるのだから、大した問題ではないのかもしれないが、人口が増えるにつれて、その影響が大きくなっている。

とはいえ、農民が自分で管理できる範囲は限られているため、小規模の焼き畑農業によって失われる面積はさほど大きくない。それよりも畜産業のほうが問題である。古くから、赤道直下でも大面積を必要とするウシの放牧がブラジル人たちの手で行われてきた。暑さに強いこぶのあるウシを飼っているが、痩せこけていてかわいそうなほどである。土が悪く牧草の成長もよくないので、数年で放棄して移動しなければならない。そのため、広大な森林が伐採され、焼かれて牧草地になる。近年、生活レベルが向上するにつれて牛肉の消費量が増えているので、森林破壊はどこまで行っても止まりそうにない。

ブラジルではガソリンに変わってエタノールが燃料になり、一〇〇パーセントエタノール車が走りはじめた。そのため、ここ一〇年ほどの間にサトウキビ栽培が盛んになり、大企業によるバイオマス生産用の農地がアマゾン流域で拡大している。

バイオディーゼルの開発も盛んで、ベレンとトメアスをつなぐ道路沿いには、広大なアブラヤシのプランテーションが並んでいる。アメリカ資本の会社が矮性のアブラヤシを数百ヘクタール規模で一〇年前から植え出し、すでに収穫しているという。

ユーカリ、パラセリアンサス、マホガニーなどの産業植林も増えているが、まだ伐採は始まっていない。山根さんによると、南部では輸出用のダイズやトウモロコシの生産量が増え、森林の消失はブラジル全土で一向に止まらず、むしろバイオエネルギーの開発で加速しているという。ここでも東南アジア同様、森林伐採と火入れ、大規模農業がリンクして暴走している。

不便なところで貧しい暮らしをしている農民に焼き畑をやめろというだけでは、本当の環境対策にはならない。今やるべきことは、狭い面積でも高い収量が上がる農業技術を普及し、集約農業を世界中に広めることである。土地を浪費する焼き畑を抑えて、持続的な農業を広めることこそ、森林破壊を止める最良の方法なのである。そのためにも炭を使った有機農業の意味は大きい。実際、ブラジルにはヤシガラなどの農産廃棄物が多く、木を伐らなくても炭の原料に事欠かない。また、東南アジアやアマゾン流域のように、痩せた酸性土壌に覆われた熱帯地方では、炭が効果的に働くケースが多い。

森を救う黒い土

アマゾンの大湿原は、新生代（七〇〇〇万年前ごろ）にアンデス山脈が隆起し、川の流れが変わってできたといわれている。そのため、中流にあるマナウスでも海抜四〇メートルで、上流と下流の高低差が少ない。有機物や土砂が堆積した沖積土壌の地帯が広がり、流域全体の面積はオーストラリア大陸に匹敵するほどである。

どこまで行っても、基盤になる土壌は泥、砂、シルトが厚く堆積した黄色土である。土壌の理化学性が悪く、有機物がほとんどないので、土壌改良しない限り使い物にならない。テラプレタはこんなところで人為的に作られた土だった。

マナウスからリオネグロ（黒い河）をフェリーで渡って、アマゾン河との間にできた幅一〇〇キロほどの中洲へテラプレタを見に出かけた。あたり一帯は二次林に覆われ、その間に農地が点在するが、道沿いに見える土は黄色の未熟土壌ばかりだった。

テラプレタの多い地域に近づくと、農家が多くなる。ここでは、今でもこの黒い土の上で農業を営んでいるので、アマゾン国立研究所の研究者たちが調査している一軒の農家に立ち寄った。ここではライムやココヤシ、カシューナッツ、コーヒーなどの木の下にカボチャやインゲンマメなどを植える、いわゆるアグロフォレストリーを実践している。これが強すぎる日射を遮るための伝統的な方法だという。

家の後ろにテラプレタがあるというので、さっそく行ってみた。黒い土が見える場所は、わずかにマウンド状になっているが、塚というほどではない。面積は狭く、一〇アール以下で、そこを外れると黄色い硬い土になる。

　母材の黄色土は微砂を含んだ粘土質で、乾燥すると塊状構造になって硬く、湿ると泥になる。表層は細粒状構造でやわらかく、深さ五〇センチ以下ではかなり堅密になるが、保水性は高いようだった。畑地では、表層一〇センチ程度が耕作によって褐色になり、乾季のため深さ二五センチまで乾いていた。黄色土のところでも炭を厚くマルチしている場所ではライムの根がよく集まっていたが、熱帯では炭をマルチすると乾燥のために枯れてしまう恐れがある。

図3-5　テラプレタ（黒い土）。昔、原住民が灰や炭を肥料に混ぜて耕作していた土。炭混じりの木灰が土壌改良に役立った。

　この黄色土は酸性が強く、pH四から四・五、黒色土でも五以下である。酸性の強い土壌にアルカリ性の灰や炭の粉を入れると、中和されるので、それだけでも効果が出るはずである。黄色土には遊離のアルミが多いが、黒色土ではアルミの量が少ないともいう。炭を施用するとアルミが減ることは知られているので、同じ現象が起こるのかもしれない[9]。

　黄色土に植えられたライムにマンガン欠乏症状が出

ていたが、化学肥料のやりすぎで栄養バランスが崩れたためだろう。バナナのところでも表面に白い硝酸塩らしいものが吹いていたので、これも窒素肥料のやりすぎのせいらしい。ここでも伝統的な栽培法が忘れ去られて、化学農業に変わっているようだった。有機農業を奨励するために、炭を施用する実験を始めたというが、根元に大きな炭を置いているだけだったので、効果のほどは疑わしい。

一方、黒色土では表面に厚さ五センチほどの細粒状構造が発達していたが、その形がミミズの糞に似ていたので、おそらく雨季にはミミズが出るのだろう。ここではライムの根がよく育っていた。この団粒は乾燥のためにひどく硬かったが、水をまくと色が際立って黒くなり、黄色土とはっきり見分けがつくほどになった。今でも黒い土があるところでは、明らかに樹木や作物の生育がよい。

黒い土を掘ると、深さ五〇―六〇センチまでが灰色で、その下は黄色土だった。黒い土の厚さは場所によって違っているが、一メートル前後になる場合が多いという。サンプルをとってもらったが、掘りたては黒く、乾くと暗褐色から灰褐色になった。地表や地中には土器のかけらが散らばっている。ルーペで見ると細かな炭の粒は見えるが、大きなかけらは見当たらない。

別の場所で森林の中に残っているテラプレタを見たが、黒い土は炭素含量の多い砂壌土で、黒い層は深さ七〇センチ以上もあった。表層には熱帯ポドソルに似た溶脱層ができており、表層土は砂質で灰白色だった。熱帯では落葉の分解が速く、腐植がたまらず、表層土壌が酸性になる。さらに雨が多いので、溶脱が進むのだろう。なお、アマゾンの黒い土については、中村智史さんらの詳しい報告があるので、参照されたい[10]。

テラプレタのある場所は、ほとんど川沿いの高台にあるとされている。アマゾン川は、乾季と雨季で水位が大きく変わるので、氾濫を逃れるため、原住民は昔から高台に住んでいた。また、テラプレタは狭い地域に点在しており、いずれも規模は小さい。陶片が必ず出てくるので、土器を作っていた時代のものらしい。最近はサンパウロ州立大学などで、土器の特徴によってテラプレタの成立年代を決め、集落の規模や生活形態などを調べる民俗学的研究が進んでいる。

窯を使わず、露天で土器を焼くには大量の木材を燃さなければならない。当然、出てくる灰や消し炭の量も多かったはずである。ところが、ヨーロッパ文明が普及するにつれて土器の製法も忘れられ、伝統的な農法もすたれていったのだろう。

おそらく、テラプレタは貝塚のようなゴミ捨て場から始まったと思われる。ゴミには人糞尿や魚や獣の骨なども混じっていたはずだから、肥料分は十分だった。これに炭混じりの木灰が加われば、いわゆる「炭堆肥」になるので、作物がよく育つ。特に、人間が食べる食用植物はやわらかく、窒素やリン、カリウムなどを好む性質が強い。

ゴミ捨て場にその種子や根が捨てられると、おいしい野菜がよく育ったはずである。こんな経験を積むと、木灰とゴミやし尿を混ぜて施し、ゴミ捨て場で意図的に作物を栽培し始めたのかもしれない。このほうが定住生活をするには有利である。

図3-6　テラプレタの上に育つパパイヤ。周辺の黄色土の畑に比べると、成長量が約３倍になる。

なお、テラプレタは日本に多い火山灰を母材とした黒ボク土と異なり、有機炭素の多い土壌のようだった。どこか、昔よく見かけた黒い畑土に似ている。かつての日本の農地はすべてテラプレタだったのではないだろうか。どうやらテラプレタというのは「ゴミ捨て場農法」の名残のように思える。

最近、アマゾン州政府が有機農業を奨励し、生鮮食品の二〇パーセントを有機栽培品にするよう勧告している。そのため、マナウス近郊でも有機農業者の組織づくりが進み、日系人が中心になっているという。できれば有り余る資源を活用して炭堆肥を作り、安全な食品を生産して新しいテラプレタ農業に取り組んでほしいと願ってマナウスを後にした。もし、テラプレタのように集約栽培が可能になれば、狭い耕地で高い収量を手にすることができる。そうすれば、農民が焼き畑をやめて定住し、森林が守られることになるはずなのだが、前途多難である。

気候変動で増える森林火災

二〇一〇年七月二五日付の日本経済新聞に「天候異変、世界混乱」という記事が出ていた。それによると、「世界各地で豪雨や旱魃などの天候異変が相次ぎ、経済や市民生活にも影響が及んでいる」という。日本でも二〇一〇年の夏は過去最高の温度上昇を記録した。

旱魃に見舞われる地域が増えるにつれて、森林火災が世界中で頻発し、しかも大規模化している。近年発生したものだけでも、モンゴルのマツ林、アメリカ西海岸の針葉樹林、ギリシャ、スペイン、アラスカ、シベリアとニュースを追っているだけでも、かなりの件数に上る。火災の原因は人によるものが多いというが、気候変動による雷雲の発生や高温と異常乾燥がそれに追い打ちをかけている。

これは大変なことになってきたと思っていたら、二〇一〇年七月二五日付の京都新聞に「ロシア猛暑続き、森林火災が拡大」というモスクワ共同通信発の記事が出ていた。それによると、「記録的な猛暑が続くロシア各地で森林火災が相次いでいる。首都モスクワを含むロシア中央部では今月末までに日中の最高気温が四〇℃に上がると予想され、旱魃による農業などへの被害拡大が懸念される」という。さらに、モスクワ郊外では暑さのために地表近くの泥炭が燃え出し、モスクワの市内にも白い煙が流れ込むほどになったそうである。

また、インタファックス通信は、モスクワ近郊の四カ所で森林火災が発生し、七月一二日から一八日の間にロシア全土で一八〇件の森林火災があり、三万ヘクタール以上が焼けたという。八月に入ると、ついに大統領が非常事態宣言を出し、火災が頻発している地域への出入りが禁止された。「現在、ロシア国内で続いている森林や泥炭の火災は約七〇〇〇件、計五〇万ヘクタール以上の森林が消失した」と伝えている。

三〇年も前のことだが、アラスカの針葉樹林では泥炭が何年も燃え続け、足が沈むほど厚い灰の層ができていた。これがインドネシアの石炭の場合同様、乾燥がひどくなると火を噴き、大規模な森林火災の原因になる。アラスカでも最近森林火災が頻発し、焼失面積が増えているという。樹木の成長が遅く、育つのに時間がかかる北方林で火災が増えるのは、資源の面からだけでなく、炭素貯留という点からも深刻な問題である。

マスコミの報道によると、二〇一〇年の異常気象は偏西風が蛇行し、太平洋高気圧が張り出しているためだというが、なぜ、そうなるのか、理由はまだはっきりしない。中国やロシアの猛暑は、大気の上層を西から東に向かって流れる強い気流が大きく蛇行し、南の暑い大気が流れ込んだためらしい。また、インド洋の海面水温が異常に高く、これが高気圧の発生を促し、中国の南部や中部に海から来た暖かく湿った空気を送り、豪雨をもたらしたという。日本でも太平洋高気圧が張り出して、猛暑になったとしている。

いずれにしても、自然現象に関する研究は起こってしまってから解説するのが精一杯で、因果関係を解明できるほど発達していない。生物学と同様、わからないことのほうがよほど多いのである。自然現象は常に連鎖反応を起こしながら進行するので、予測不能なことが多い。これから一体何が起こるのか、正確にわかっている人は誰もいないだろう。

気候変動に由来する森林火災は、燃えることによって蓄積されていた炭素を放出し、さらに温室効果ガスの増大につながる。また、気候変動を加速させ、多くの生物を殺すという点で、二重、三重のマイナス効果をはらんでいるのである。では、森林火災を防ぐのにはどうすればいいのだろう。根本的な対策は、気候変動をもたらす温暖化をできるだけ抑制することだが、すぐ手の届くところにもやれることがあるように思える。

近年、世界各地で森林火災の監視システムが整備され、それらが働くようになった。日本からも森林火災の専門家がＪＩＣＡの協力事業で東南アジアなどに派遣され、国際協力が進んでいる。日本では山火事が減ったため、消火技術の蓄積は減っているが、住宅火災や自然災害の多い国の常として、消防システムは発達しており、技術支援できる分野は多いはずである。

森林火災の主な原因は、無秩序な焼畑の拡大や大規模農業開発にある。その拡大を抑えるには、狭い耕地で高い収量が得られる集約農業システムを普及させなければならない。その一つが焼畑と類似の効果を持つ炭を使った農業技術の普及である。さらに、放牧地の新たな造成や産業植林の拡大を抑えることも必要だろう。

先進国で森林火災が増えているのは、異常乾燥に加えて、欲求不満による放火が原因となっている場合が多い。一方、貧困な地域では土地所有権にまつわるトラブルが原因になっていたり、雇用問題が背後にあったりするという。発展途上国ではどこでも、社会不安や貧困、失業問題などを解決し、森林の大切さを訴える教育が望まれている。どの国でも識者たちは異口同音に「子供から大人まで、環境に対する意識改革が必要」と言うが、理想通りには進まないのが現実である。

最近、森林伐採によって森を追い出されたオランウータンの運命を追った解説なしのテレビドキュメンタリーを見たが、森林の大切さを訴える迫力満点のドラマだった。もう一つは野生のイチジクの木をめぐって共生するさまざまな生物を描いたドキュメンタリーだったが、これにも教えられることが多かった。生物は動きのある映像として見たほうが理解しやすい。映像によって、自然の重要性を訴えることも大切な仕事である。

4 熱帯雨林の再生

赤道直下へ

一九八八年八月に林業試験場の組織再編が一段落したので、企画科長を退いてキノコ科長にしてもらった。というのは、当時の国際協力事業団林業開発部長と、いささか言い争いをしたからである。あるとき、呼び出されて行ってみると「インドネシアで熱帯降雨林再生プロジェクトをやっているが、林業試験場の研究者は自分のデータとりに夢中で、少しも役に立たない。どういうことだ」という。売り言葉に買い言葉、「それじゃあ、私が行ってやってみましょう。ただし、時間がかかるので、五年間短期派遣で行かせてください」と、いわれなき自信でついやってしまった。

さて、秋に出かけようと思って健康診断を受けたら、血糖値が高い、肝臓が弱っているとクレームがついて、しばし静養という指示が出た。暴飲暴食からくる二次性糖尿病の始まりだった。二月に再検査してもらって合格。しかし、何が幸いするかわからない。もし予定通り秋に出かけていたら、キノコシーズンを外し、仕事ははかどらなかったことだろう。スギ花粉症の時期だったから、転地療養にもなって大いに助かった。

ジャカルタのスカルノ・ハッタ空港を出ると、むせ返るような暑さで、色とりどりのブーゲンビリアが物珍しかった。このときから以後一五年近く、毎年のようにインドネシア詣でをすることになってしまった。

ジャカルタで飛行機を乗り換えて、第二次世界大戦の戦場だったバリクパパンに向かう。ボルネオ島にさしかかると、目の下は、まるで寒天プレートの上で一斉に胞子を作ったトリコデルマさながら、もくもくとした緑色の塊に覆われていた。そのころは湿地帯にまだ天然林が残っていたのである。

バリクパパンで、プロペラ機に乗り換えてサマリンダに向かう。原生林の上を上がったり下がったり、昔の脱穀機のような音を立てて、霧の中を飛ぶのは、あまり気持ちのいいものではない。後で聞くと、つい先ごろ墜落して、まだ機体も乗客も見つかっていないという。その後はできるだけタクシーに乗って陸路をとることにした。

国際協力事業団が、ボルネオ島の東カリマンタン州サマリンダにあるムラワルマン大学に「熱帯降雨林再生研究プロジェクト」を立ち上げたのは一九八五年のことである。ボルネオ島の森林伐採は、第二次世界大戦中に始まり、一九六〇年代以降、伐採地域が拡大したという。訪れたころには、焼き畑を繰り返したために、東カリマンタン州の海沿いは、ススキやチガヤなどに近いイネ科植物、アランアランの草原に変わっていた。日本が最大の木材輸入国だったせいもあって、森林再生を手伝うことになったというわけである。

このプロジェクトは、最初大学教育が目的だったため、大学人が主役だった。ところが、温暖化対策や酸性雨問題が浮上するにつれて、次第に森林総合研究所の研究員が多くなり、長期と短期の専門家がいつも数名常駐していた。今も一緒に仕事をしている沖森泰行さんも、このときからのお付き合いである。

ムラワルマン大学は小高い丘の上にあるが、それでも暑い。日中の気温は四〇℃近くまで上がり、明け方になってようやく二五℃に下がる。判でついたように夕方になると、スコールがきて湿度一〇〇パーセント、腕の毛に水滴がつくほどである。そのため高価な精密機械も、ほとんど故障して役に立たない。

宿舎になった大学の寮は扇風機だけで、毎夜大汗をかく。マラリアやデング熱が怖いので、息が詰まるほど強い殺虫剤をまいて寝るが、どうしても睡眠不足になる。時々ホテルや長期専門家の家に居候して、何とか過ごしていたが、下痢以外、よく病気にかからなかったものである。

「大統領候補」のスハルディさん

私のカウンターパートは、ジョクジャカルタにあるガジャマダ大学林学部の講師、スハルディさんだった。当時三六歳、ドングリ眼で色黒、南蛮屏風絵に描かれているバタヴィアから来た人にそっくりだった。フィリッピン大学で樹木生理学を学んで学位もとっていたが、菌根は初めてである。大変な勉強家で、聞き取りにくい英語を操り、質問攻め。じっとしていられない性質らしく、鞄を抱えて忙しそうに歩き回っていた。

いつも冗談を飛ばして仲間を笑わせ、大食漢で「マカン、マカン（食べよう）」を連発。後で、筑波にある森林総合研究所へ研修に来たが、物価が高いので、毎日ゆで卵だけ食べていたそうである。あるとき、大事なところが痒くなったというので、病院を紹介したら、担当が女医さんで往生したとのこと。なれない長ズボンをはいたためにむれたらしい。

研究者の中には野外で働くのを厭う人もいるが、彼は裸足でどんどん山に入り、鍬をふるって自分で苗を植える。農村に育ったので、労働は苦にならないという。学生時代は苦労したらしく、実験圃場の片隅にあるトタン葺きの作業小屋に住んでいたので、ひどく暑かったと笑っていた。長い間かけて賢い女子学生を探し、三五歳になってから結婚したが、奥さんは今大学講師、娘や息子たちはいずれもガジャマダ大学へ通う秀才である。

オランダ植民地時代の影響か、インドネシアでは教授は社会的地位を表す名誉称号とされ、ほとんどが御老体である。ところが、一緒に働き出して数年たったころ、スハルディさんが図らずも教授になってしまった。大学でも一番若い教授というので、評判になったそうである。

その後、教授を経て学部長から林業省の部長になり、この間の選挙で農民労働者党を率いて当選し、国会議員になってしまった。新聞の世論調査によると、結構高い評価を受けているそうである。学生組合の委員長をしていたそうだから、生来そのほうが向いていたのかもしれない。いつも冗談半分に「大統領は、スカルノからスハルト、その次はスハルディだ」とホラを吹いていたので、理想に一歩近づいたというところ。やることはアバウトで、撮った写真はピンボケ、データはいい加減、論文はかなりホラ交じりで、私よりもひどかった。どこか、互いの心が触れ合ったのだろう。今でも「シンセイ（先生）」という呼び方はなおらないが、ジャカルタから時々電話をくれる無二の友である。

フタバガキ科の樹木

東南アジアの熱帯降雨林の主役は、フタバガキ科の樹木（フィリッピンではラワン、インドネシアではメランティ）である。一説に、この属は元来アフリカの東海岸にあったが、第三紀の初め（三五〇〇万年前）ごろ、大陸移動によってアジアに移ったといわれている[1]。フタバガキ科の樹木は、いずれも樹高数十メートルを超える大木になり、幹の直径はゆうに一メートルを超える。

樹齢一〇〇年にもなる大木は神秘的で、まるで密林の中を行くゾウのような貫禄がある。幹がまっすぐで板材がとりやすいため、合板材料や用材として早くから大量に伐採され、安い価格で取引されてきた。もったいない話である。

この木は他の多くの広葉樹と交じりながら、スリランカから東南アジア諸国に広く分布していた。しかし、次第に伐採範囲が広がり、フィリッピンやタイでは国立公園などの自然保護地域や人跡未踏の僻地以外で天然林を見つけるのは難しい。インドネシアでも完全な天然林は少なく、それも次第に消えかけている。

なお、フタバガキのいろんな樹種を集めてモデル林を作っている例は、インドネシアのボゴール植物園やボゴール郊外の樹木園、マレーシアの森林科学研究所の構内などにある。いずれも植民地時代に植えられたもので、樹齢一〇〇年近い見事な森林になっている。これらをモデルにしてうまくやれば、フタバガキ林を再生させることも夢ではないと思うのだが、残念ながら、いまだに大規模なフタバガキ林再生の試みはない。

インドネシアに通い始めたころは、花が咲くのは七、八年に一度、特に乾燥が激しかった翌年だと聞かされていた。しかし、その後年を経るにつれて、気候変動のせいか、毎年花が咲いて実がなるようになった。おそらく、熱帯でも植物が生命の危機を悟り始めたのだろう。

高い樹上に白や黄色の小さな可憐な花をつけ、秋から翌年の春にかけて乾季に実をつける。大木のはるか上のほうに鮮やかな赤や黄、茶色など、色とりどりの羽根をつけた実が、まるで花のようにぶら下がっているのは見事である。

羽根の形は長いウサギの耳のようで、二、三、四枚と種によって枚数が異なる。「羽根をとったら、カキの種」とでもいうのか、実の形は小さなカキの果実に似ているので、この名がついたらしい。種子の大きさは野生のクリの実ほどのものから、クロモジの実くらいまでと変化に富んでいる。実が熟したころ、風が吹くと枝を離れ、正月につく追羽根のように、くるくると回りながら地面に落ちてくる。この羽根は種子を遠くへ飛ばすためのものと思われるが、飛距離はさほどでもない。

フタバガキの種子集めは大変な仕事である。高いところに実がなるので、手でもぎとるわけにもいかず、下に落ちたのを一つずつ拾うしかない。おまけに、この種子は昆虫が好むのか、木の上で幼虫が入っている場合が多い。とってしばらく置いておいたら、ゾウムシがぞろぞろ這い出してきたことがある。地上でも小動物に食べられ、カビがつきやすく、すぐ腐ってしまう。

無傷のものは地面に落ちると、すぐ発芽するので、できるだけ早く集めて植えなければならない。低温や乾燥にも弱く、いろんな保存方法を試してみたが、数カ月しかもたず、きわめて扱いにくい種子だった。一九九一年の春は、ちょうど成り年だったので、幸い大量の種子が手に入ったが、あたふたと実験準備をしているうちに、ほとんど腐ってしまった。

フタバガキ科樹木の生態や種子の発芽条件、挿し木による繁殖方法や植林技術などについては研究例も多く、近年数多くの報告が出されている。[2] 一方、フタバガキ科樹木に共生する菌根菌やその接種効果については、研究例が少なく、当時

図4-1　フタバガキの種子。羽の生えたカキの実に似る。種によって羽根の数や色、大きさが異なる。

は菌を接種した例もなかった。というのも、この樹種の分布範囲が東南アジアに限られており、その地域に菌根の研究者がいなかったからである。

何年かに一度しか手に入らず、保存もきかず、人手をかけて集める貴重な種子だから、一粒でも無駄にしないように、苗を育てなければならない。熱帯の厳しい環境では、植林や保育管理にも手がかけられないため、できるだけ自然の力に沿った育苗・植林方法が必要になる。そこで登場するのがキノコ、いわゆる菌根菌だが、手がかりにする図鑑一つないのだから、これがまた難題だった。

フタバガキ林のキノコ

あの暑い熱帯林にキノコがぽこぽこと出ている様は、まるで幻覚を見るようだった。雨が降り続くと、意外にたくさんのキノコが出てくる。ところが、もう少し大きくなってからと思って残しておくと、やわらかいキノコはほとんど姿を消してしまう。腐りやすく、虫に食べられるからである。また、晴天が続くと温度が上がり、急に土が乾くためか、すぐ発生が止まってしまう。熱帯のキノコは温帯よりも、もっと雨次第である。

フタバガキ林のキノコを調査していたとき、白いツボに入った頭が褐色のキノコを数本見つけた。たぶん、テングタケの仲間と思ったが、同定するために残しておいた。あくる日行ってみると、みんなぼろぼろに崩れて見る影もない。どうやら、一晩のうちに昆虫やナメクジの大群に襲われて、食われてしまったらしい。ただし、すでに傘の開いたものもあったので、キノコのほうも大急ぎで育ったのだろう。

傘型のやわらかいキノコは、つぼみのうちから卵を産みつけられて、大きくなったときはほとんど例外なく虫食いである。サルノコシカケなどの硬いキノコですら、虫に食われてぼろぼろになっていることが多い。キノコが育つのと、虫が食べるのと、どっちが速いか、熱帯の生き物は、みな命がけである。

熱帯で胞子をとろうと思って、滅菌シャーレに傘を伏せておくと、夜の間にダニやトビムシが入って胞子をなめてしまう。組織から分離培養しようと思って、イグチの子実体を新聞紙に包んで持ち歩いていたら、半日でカビだらけになっていた。運よくきれいなキノコが手に入っても、組織から菌糸が出てくる前に細菌か、アカパンカビのコロニーに覆われてしまう。熱帯では、実験もままならないのが常である。

もちろん、同じ熱帯といっても、地域によって気象条件や植生が異なるので、それに応じてキノコの出方も違っている。モンスーン地帯のタイでは、雨季と乾季の差がはっきりしているので、キノコは雨季に限って出てくる。雨季に入ると、市場にはオオシロアリタケやタマゴタケ、ツチグリなどが並び、みんな喜んで野生のキノコを買っていた。一方、カリマンタンでは、キノコシーズンといえるほどのものがない。しいていえば、雨が降れば出て、乾けば消えるといったところである。

菌根菌	材・リター分解菌
Amanita spissacea	*Trichaptum* sp.
Amanita vaginata	*Bierkandera* sp.
Amanita sp.	*Fomes* sp.
Russula virescens	*Panus* sp.
Russula sp.	*Ganoderma* sp.
Russula vesca	*Ganoderma* sp.
Russula cyanoxantha	*Microporus* sp.
Russula foetens	*Microporus* sp.
Scleroderma columnare	*Stereum* sp.
Boletellus sp.	*Exidia* sp.
Xerocomus sp.	*Pycnoporous coccineus*
	Auricularia auricula
	Microstoma sp.
	Helvella sp.
	Polyporellus sp.

表 4-1　フタバガキ科林に発生するキノコ。1991 年（種名は日本のものを当てた）。

比較的フタバガキ科の木が多い森林に出てくるキノコを採集してみると、子実体の数は少ないが、種数は意外に多かった。長期間調査したわけではないので不確かだが、一例として、一九九一年に採集したもののリストを挙げておこう。[3]

木材腐朽菌の中では、小型のウチワタケの仲間は多いが、大きいサルノコシカケの類は少ない。よく目についたのは、マンネンタケとマゴジャクシの仲間やマメザヤタケだった。太い倒木からはキクラゲの仲間やヒラタケに近い種類が出ており、原住民が食べている。また、山火事跡やフタバガキの伐採跡地に生える、成長が早いマカランガの枯木からは、ヒイロタケやアラゲカワキタケなどが出ていた。

うまくすると、マカランガの材でシイタケ栽培ができるかもしれないと思って、のこ屑種菌を持ち込んで植えてみた。ところが、一週間ほどして行ってみると、植え穴が空になっている。どうやら、シロアリが種菌をすっかり食べてしまったらしい。実際、腐朽した倒木や切り株の量は、温帯や亜寒帯の森林に比べるときわめて少なく、ほとんどないに等しい。人間が持ち出したというより、菌や動物が食べてしまうのだろう。木材の分解速度が速く、落葉層の中にはリグニンの褐色のブロックが残っているだけだった。

あるとき、木材の腐り方を調べようと思って、木片を土に埋めておいた。一カ月たって掘り出し、重さを量ってみると、分解しているはずの木片が重くなっている。よく見ると、これもシロアリの仕業で、穴の中に土がいっぱい詰まっていた。小動物や微生物の活動が盛んな熱帯林は油断も隙もないところである。

落ち葉を分解する菌について見ると、温帯の常緑樹林に比べて落葉分解性キノコの種類が少ない。主なものは、小さな子実体を作るホウライタケ属やオチバタケ属、ヤマンバノカミノケ（硬い根状菌糸束）などに限られる。落ち葉や枝が微生物に分解され、虫に食べられるスピードが速いので、有機物がたまる暇もないのか、どこでも有機物層（A_0層）が薄い。特に大きいコロニーを作って広がるカヤタケやモリノカレバタケ属のキノコがいないので、白色腐朽した落ち葉が見られない。ヒトヨタケやハラタケの仲間もあることにはあるが、いずれも子実体が小さいものだけだった。

　一定面積に積もったA_0層を採集して、その量を測定したが、よく腐った落ち葉の層、粗腐植層（F層）がほとんど見られず、その下の腐植層（H層）もごくわずかである。落葉分解の主役は温帯と違って、キノコというよりむしろ細菌やカビなどの微生物とアリやシロアリ、ヤスデ、ダニなどの小動物なのだろう。温度が年間を通じて高く、常に湿度が高いので、温帯に比べて土壌生物の活動期間が長く、分解力も強いらしい。

　一見、痩せたように見える表層土壌から微生物を分離してみると、森林にしては細菌数が多く、成長の速い多種類のカビが出てきた。その数は日本の土に比べて一桁多く、時にアカパンカビの一種が猛烈な勢いで増え、寒天培地から実験台にまで広がるほどだった。

　低地の熱帯林では一般的なことだが、ほとんど有機物を含まない赤土の上に褐色の落ち葉が薄く積もっているのが普通である。そのため、森林を伐採したり、火入れしたりすると、有機物層がすぐなくなり、裸地化してしまう。熱帯雨林は植物が豊かに育っている植物天国に見えるが、その足元の土はきわめて弱いのである。

　フタバガキ科の樹木が多い場所には、必ず菌根を作るキノコが出ている。しかし、その種類も子実体の数も、温帯の常緑広葉樹林に比べると、格段に少ない。未同定の種ばかりだが、集めたキノコを並べてみると、どこかで見たような仲間が多い。日本のクリ林やシイ・カシ林でよく見かけた、ニセショウロ、テングタケ、ベニタケ、イグチ類などが顔をそろえている。おそらく、熱帯から温帯へ広がる常緑広葉樹林には共通種、または共通属が多く、樹木と共生して分布していると思われるが、まだ詳しいことはわからない。

フタバガキの根が多いと思われるところで、表層の土を三〇センチ角、深さ一〇センチの塊で数点とる。持ち帰って根を洗い出して調べてみたが、菌根はほとんど見つからなかった。どうしてかと思って、場所を変えて調べると、菌根は乾きやすい尾根沿いや水はけのよい場所に多く、湿った斜面や平坦地では少なかった。おそらく、場所によって菌根の必要程度が違っているらしい。

熱帯雨林では有機物の分解が速く、吸収根といわれる細根が落葉のすぐ下に集まり、水に溶けた養分を直接吸い取っているように見える。毎日のようにスコールが来るので、地表はいつも湿り、根は絶えず水に触れながら成長している。豪雨のときに確かめてみたが、木の根はまるで水耕栽培されているように、滴る水に浸されていた。これではキノコに頼るまでもないのだろう。

外生菌根では、水分と栄養が十分あれば、菌根形成頻度が下がるといわれている。また、アーバスキュラー菌根の場合も、水耕栽培した根に胞子を接種しても菌根はできない。[4] おそらく、高温多湿の熱帯雨林と温帯や亜寒帯の森林とでは菌根の役割が違うのだろう。ただし、これはフタバガキの成木についていえることで、苗や若木の成長には菌根が必須だから、樹齢によって働きが変化すると考えたほうがよさそうである。

ショレアとスクレロデルマ

ムラワルマン大学に着いてすぐ、チームリーダーの鈴木進さんに実験圃場を案内してもらった。圃場の片隅にある低い板囲いの中に、成長の速いショレア・レプロスラが十数本ひょろひょろと育っていた。地面を見ると、小さいウズラの卵ほどのキノコが出ている。幸いなことに雨季が始まったばかりで、二週間ほど前から雨が降り出したので、発生したのだろう。このキノコは、以前クリの立枯れ症を調べていたときによく見かけた、腹菌類ニセショウロ目のタマネギモドキに近い種だった。

タマネギモドキの仲間は、日本では春から夏に出てくるが、季節がない熱帯でも、面白いことに二月から三月にかけて出る春のキノコである。熱帯の土壌温度は年間を通じて安定しており、測ってみると三〇℃前後だったので、子実体形成が温度に左右されているのではない。三年続けて観察したところ、大雨か長雨の後、一週間から一〇日で出てくるようだった。

子実体は白い茎がついた袋状で、多少凹凸のある薄茶色の厚い皮に包まれている。上の丸い部分に胞子が詰まっており、タマネギモドキに比べると、茎が少し長い。石突の下には不定形の白い菌糸束が房のようについている。子実体が熟すと、ホコリタケのように頭の上が破れて、紫がかった灰色の胞子が飛び出す。胞子には微細なとげがあるので、水をはじく性質があって浮きやすく、風にも乗りやすい。おそらく、雨に打たれると胞子が飛び出して根につくのだろう。後でオランダの人が書いた論文を調べると、一八七五年にスクレロデルマ・コラムナレと命名されていたが、一九六九年にグズマンが新しい属名、ヴェリガスターに変えている。

子実体の下を掘ると、束になった真っ白の菌糸束があって、土の中に広がっている。根状菌糸束といえるほどではないが、顕微鏡で見ると束の中には、水や養分を送る太い菌糸、通導菌糸や表面を覆っているカールした装飾菌糸、菌糸の間をつなぐ充填菌糸などが見分けられる。これはタマネ

図4-2　フタバガキの苗に菌根を作るスクレロデルマの子実体と菌糸体。白い菌糸束が伸びて菌根を作る。

ギモドキよりも形態的にかなり発達した菌糸束を持つ種だった。

この菌糸束が根に沿って伸び、若い根につくと、根がねじれながら徒長し、枝状に分かれた房状の菌根になる。菌によって根の成長が促進されるので、根全体の量も増える。この菌が作る菌根は典型的な外生菌根で、細根の基部から先端までが毛羽立った白い菌鞘にすっぽりと包まれている。横断切片を作って顕微鏡で見ると、厚い菌鞘が表面を取り巻き、皮層細胞の間に菌糸が入って変形し、典型的なハルティヒネットを作っていた。ここで養分や水が菌と植物の間で交換されている。

まず、手始めにショレア・レプロスラが生えていた位置を測ってグラフ用紙に書き入れ、キノコが出ている位置を図に落としていく。こうして見ると、菌が三年ほど前に苗に感染し、伸びる根に沿ってコロニーを外側へ向かって広げているのが読めてきた。このような性質を持った菌は隣り合った根に次々と移っていく習性があるので、扱いやすい。

数年前から構内に植えられていた一二種類のフタバガキ科の若木の根元を調べてみると、このキノコとカレバキツネタケに似たものが点々と出ていた。幸い、いろんな樹種があったので、すぐ宿主と菌との関係を知ることができた。スクレロデルマが菌根を作る相手は、少なくとも一一種類確認できたので、フタバガキ科のほとんどがこの菌と菌根を作ると思われる。

日本では、シイ、カシ、クリ、ウバメガシ、コナラなどの根にタマネギモドキとキツネタケ、アセタケなどが、セットになってついている場合が多い。このことから考えても、スクレロデルマの宿主特異性はさほど狭くないといえそうである。ちなみに、マレーシアの国際協力事業団が行っていた「複層林プロジェクト」を手伝っていたときにわかったことだが、フタバガキ科の苗にはこのスクレロデルマとカレバキツネタケの一種、アセタケの一種の三種類がよくついていた。また、この三種はインドネシアのフタバガキの苗圃でもよく見かけるキノコだった。ということは、日本、マレーシア、インドネシアと地理的に隔たっていても、菌根菌のグループが属の段階で共通してい

図4-3　パラショレア・ルシダの稚苗にスクレロデルマの胞子を接種すると、成長がよくなり、重量が無接種の約3倍になった。

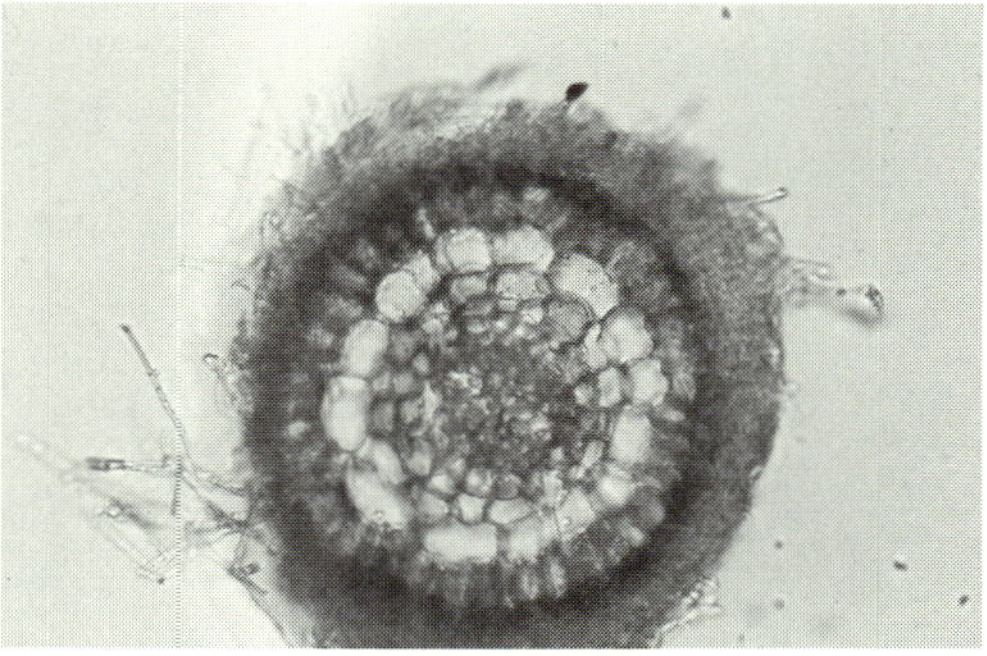

図4-4　スクレロデルマがショレアの根に作った菌根の横断切片。典型的な外生菌根。

るということになる。[6]

なお、アセタケやキツネタケは子実体が傘型のため、胞子をすぐ落としてしまうので、使い物にならない。そのため、実験には胞子が袋に入っていて、冷蔵保存がきくスクレロデルマをもっぱら使うことにした。

菌根は本当に必要か

キノコは樹木の成長に本当に役立つのだろうか。自分で実験してみないと、納得がいかないので、違った樹種を扱うたびに、今も接種実験をしてみる。接種の効果を確認するためには、土壌やポットをガス殺菌し、種子の表面を消毒してまくところから始めなければならない。しかも、育てている間に気中胞子による感染が起こらないように、隔離温室に置く必要がある。しかし、設備も不十分で、短期間にそんなことができるはずもないので、とりあえず簡便法で調べることにした。

まず、苗圃で育てられている苗を見て、成長にばらつきがあるかどうか観察する。その中から任意に一〇〇本選び、地上部の成長を見て、大きさで三段階に分ける。次に、ビニールポットをはぎとって土の表面をよく見る。菌根は多くの場合、ポットの内壁に沿って張り付いているので、菌根のつき方は肉眼でも十分判定できる。

さらに、土を洗い落として、苗の高さや根元直径、根の長さや菌根のつき方を測り、苗を三段階に分ける。こうすると、菌根形成が成長に与える影響やキノコの種類による効果の違いを知ることができる。

一般に菌根ができると成長はよくなるが、中には菌根があっても、成長がさほどよくないものがある。それは菌の種類や系統によって効果の表れ方に差が出るからである。また、同じ菌がついても、樹種によって反応が異なる。何でも、菌がついていればよいというわけでもないので、菌根の形態を記録して種類を判別することも大切である。

なお、接種実験からわかったことだが、フタバガキの中でもショレア属とホペア属はスクレロデルマと菌根を作るが、ドリオバラノプシス属はカレバキツネタケに近い菌と菌根を作りやすい。ショレア属でも、このキノコと菌根を作ったものは乾燥耐性が弱く、枯死率が高くなった。日本でコナラやクリにキツネタケをつけた場合にも、成長促進効果が低くなるのが普通だった[7]。

菌根の形態からキノコの種類が判別できれば、どの菌が有効か判断しやすい。スクレロデルマの菌根は白く、房状になるので見分けやすいが、キツネタケは茶色で形にも特徴がない。アセタケの菌根はさらに見分けにくく、成長促進効果も表れにくい。おまけに、これは分離培養できないので、いまだに接種試験には使えない。

植林するときは、地上部の大きい苗よりも、根の多い菌根がよくついたものを使うほうがよい。こうすると、間違いなく活着率が高く、その後の成長もよくなる。そのことをフタバガキでも確かめておこうと思って、新しい植林地を探していた。幸い、二年前に沖森さんたちが見本園にするつもりで、ショレア・パルビフォリアとショレア・スミシアーナの苗を植えていた。

いずれも成長が不ぞろいで、ほとんど育たないものから、樹高二メートルを超すものまでさまざまである。この成長差は菌根に関係しているように思えたので、そこを借りることにした。最初の年はキノコが見つからなかったが、スクレロデルマの菌根がついていたので、その形成頻度を測ってみた。

菌根形成頻度を測る方法は、さほど厳密なものではない。若木の根元から、十字方向に二〇センチ離して位置を決め、四点で表土をはいで根を出し、菌根の有無を調べる。まったくなければ0、すべての点で見つかれば、+が四個になる。こうして三〇本調べると、おおよその傾向が見えてきた。

菌根のないものは、成長しないまま一年後に枯死し、頻度の低いものは、かろうじて生き残った。菌根ができると、生存率が上がり、成長もよくなるのは確かだった。ショレアの仲間は日陰のほうが育ちやすいといわれている。逆にあまり暗いと、つる性植物のようになってしまう。ただし、右の二種とも菌根がついたものは、日当たりのよい裸地でも丈夫に育ち、成長が速いので、雑草との競争にも強いことがわかった。同じような現象は、その後マレーシアでも確認できたので、菌が共生することによって日射量に対する耐性も変化するといえそうである。

二年目からは、スクレロデルマの子実体が発生し、時間がたつにつれてキノコの数が増えていった。全体に菌根の形成頻度が上がったので、四年目には菌根をつけた根が全面に広がった。ただし、木によって、菌根のでき方が遅かったり、ついているのに成長がよくなかったりしたものもあったので、驚くほどの結果ではなかった。三年間調べたが、これでは到底論文にならず、お蔵入りになってしまった。[8]

四〇℃を超す炎天下で、草の中に座り込んで何時間も働いていると、目先が真っ白になり、立ちくらみする。仕事が終わると、ついビールを飲みたくなるが、飲みすぎると脱水症状に陥るので、我慢する。また、ここはマラリアの常襲地帯で、体から発散する炭酸ガスにハマダラカがひかれてやってくるので、アルコール類は厳禁である。

奥地のスブルーで植林試験をしていた住友林業の曽田良さんが、ある暑い日、菌根の仕事を見に演習林へやってきた。ひどくのどが渇いたので、街道沿いの飯屋に入ってビールを注文したら、生ぬるいのが出てきた。「冷えたのをほしい」と言ったら、ビールのオンザロックをくれた。危ないとは思ったが、「えいままよ」と、これを飲んだら夜通し便器に座ったまま。落語の「茶の湯」に出てくる小僧のようになってしまった。以後、水や氷は敬遠することに決めた。その後、曽田さんの植林地が火事になり、せっかくの試験も台無しになってしまったが、それにもめげず、つい最近までインドネシアで頑張っていた。

菌根菌の接種

たぶん、この菌なら胞子をまくだけで菌根を作ってくれるはずだが、播種から始めたのでは数カ月かかってしまう。一九八九年春の滞在期間は二カ月と限られていたので、とりあえず、苗圃にあった苗をもらって実験することにした。三カ月たったショレア・ラメラータの芽生えの根をよく洗って、菌根がない苗だけを使う。ただし、菌根が見えない場合でも、感染している恐れがあるので、これは予備実験である。

東南アジアでは、どこでも育苗用にビニールポットを使うが、これは飴玉を入れて売る袋である。幅約六センチの薄い黒いビニールチューブを、長さ一二センチに切って底を封じ、側面に水はけのための孔を開けると、上等のポットになる。これに土を詰めて苗を植え、コンクリートで囲った床にびっしりと並べるのが普通のやり方である。

マツとショウロの例もあるので、このときはためしに町で売っていた木炭を砕いて粉にし、量を変えて土に混ぜ、比較のためにオガ屑も加えてみた。土に混ぜる炭の比率は体積比で六・五七、一三・一五、二六・三パーセントとした。オガ屑についても比率は同じである。このポットに苗を定植した後、スクレロデルマの胞子を界面活性剤が入った水に溶かして、ポットの表面にまいておいた。これが最初の接種実験だった。

ショレア・ラメラータは成長が速いので、帰る前には反応が表れた。少量の炭を加えたものはほぼ正常に育ったが、炭の量が一三パーセントを超えると、下葉が変色して落ちてしまい、芽にも障害が出ていた。障害の程度は炭の量に比例した。オガ屑の場合にも同じような傾向が見られた。

翌年行ってみると、この違いはさらに大きくなり、炭が少ないポットだけが正常に成長し、菌根をたくさんつけていた。炭やオガ屑の多いポットでは成長が悪いだけでなく、菌根の形成も抑えられていた。炭の質が悪かったせいかもしれないが、フタバガキは強アルカリ性のものを嫌うらしい。

　これは後でわかったことだが、植林するとき植え穴へ炭を大量に入れると、害が出ることも確かめられている。そのため、ポットに木炭を使う場合は体積比で二・五パーセント以下にすることに決めた。なお、後に長期専門家だった森茂太さんが、モミガラくん炭を使うと、菌根形成が促進され、苗の成長もよくなると報告している。このほうが安上がりで、手間もかからず、実用的である[9]。

　一九九〇年に訪れたときは、幸いひどい乾季の後だったので、熟したショレア・レプロスラの実がたくさん集められていた。今度は菌根が形成される状態を観察するため、根箱で実験することにした。まず、幅一五センチ、長さ四五センチのガラス板と細い角材を買ってきて、接着剤で張り付け、箱の片面を作る。これに篩でふるって粒度をそろえ、オートクレーヴで殺菌した土を詰め、炭などを埋めてから、もう一枚のガラス板を張り付けた。なお、根箱の底は水が抜けるように、目の細かなネットで包み、上面は開けておいた。実験に使った炭は、pH九・〇の日本製オガライト炭を粉砕したものと市販の炭だが、使用前にオートクレーヴで殺菌しておいた。

　苗圃から集めたスクレロデルマ・コラムナレの子実体の茎をとって、一五グラムに三〇〇ミリリットルの水を加えてミキサーで砕き、ガーゼで濾して胞子液を作った。実験の目的は効率のいい接種源を作ることである。三種類の接種源は以下のとおりである。

（A）炭の粉とシリカゲルを二対一の割合で混ぜ、これに胞子液六〇ミリリットルを加え、さらに二〇パーセント寒天を加えて直径一センチのペレット状にする。
（B）炭の粉と胞子液を等量混合して直径二・五センチの塊状にする。
（C）市販の木炭を粉にして胞子液と等量混合する。

これを以下の六通りの試験区で試してみた。なお、一試験区二箱ずつとした。
① （A）を等間隔に一二点埋め込んだ。② （B）を六点に埋めた。③ （C）を固めて一二点に埋めた。④ （C）をまばらに土壌に混合した。⑤ 胞子液だけを土壌にまいた。⑥ 無処理。

次に傷のない種子を選んで羽根をとり、超音波洗浄器で洗い、さらにアルコール液で拭いて根箱の上面に埋めた。二週間室内に置き、種子が発芽して根が伸び始めたのを確かめてから、根箱を黒いビニールシートで包み、外気に触れる場所に移した。ここで滞在期間が終わったので、手伝ってくれた女性に水やりを頼んで帰ることにした。

一九九一年九月、到着するとすぐ、実験室の外に置いてある根箱を見に行った。なんと、感心なことに一本も枯れずに育っている。ビニールシートを外すと、埋めた炭のそばにははっきりと白い菌根が見えた。殺菌水をやり続けてくれた女性に「テレマカシ」を連発。これだから生き物の実験はやめられない。

一九九二年三月にもう一度観察して、以下のように結果をまとめた。粉炭に胞子液を加えたもの

（B）を埋めた場合、②は、埋めた炭の塊の中に白い菌糸束が伸びて、近づいてきた根に絡み、きれいな菌根を高頻度に作っていた。また、植物体の成長が最も旺盛で、根の量も増えていた。シリカゲルを加えてペレットにしたもの（A）の場合は、接種源の中に菌糸はなかったが、周辺で菌根がよく形成され、成長も二番目によかった。

市販の木炭を使った場合（C）では、多少成長が抑えられた。これを土に混合すると③、均一に菌根はできたが、塊にすると④、炭の中に根が入らず、周辺で菌根が形成されていた。市販の炭は炭化が不十分で揮発分や灰分が多く、pHが高いために根に障害が出やすい。これは先のポット実験でも経験済みである。

スクレロデルマの胞子だけを散布した場合⑤では、まったく菌根ができず、無処理の場合⑥よりも植物体の成長が悪く、葉が枯れるものもあった。おそらく、土を殺菌したが、炭を加えなかったので、土壌の酸性が強く、中でカビが繁殖して根を傷めたようだった。

以上のことから、菌根がフタバガキの成長に有効なことが証明され、接種の際に炭が有効に働くことも明らかになった。おそらく、実用的には、木炭かモミガラくん炭に胞子を吸着させて、ポット土壌に混ぜる方法がよいと思われる。胞子集めが大変だから、培養菌糸にしてはという人も多いが、実用的ではない。この菌は成長が遅く、熱帯のような微生物活動が盛んなところでは、ポット土壌に培養菌糸を入れると、在来の微生物にやられてすぐ消えてしまうからである。

実は、スクレロデルマが炭を好むことは、この実験の前からわかっていた。というのは、土壌微生物相を調べるためにサンプリングをしていたときのこと、土の中から山火事でできたと思われる消し炭がたくさん出てきた。よく見ると、その表面にスクレロデルマの白い菌根がべったりと張り付いていたのである。何事も、まず観察することが大切である。

この接種法を特許にしてはという人もいたが、「熱帯林再生」のような公的な仕事を金もうけの種にしてほしくないので、申請しなかった。公知の事実にしてしまえば、特許の取得を防ぐことができるので、早々に報道関係者に話を流した。もっとも、そのために一部から批判されることにもなった。

図4-5　根箱に炭の粉を入れて苗を育て、スクレロデルマの胞子をまくと、よく菌根ができた。

熱帯林の土壌微生物

木を植えるためには、その場所の土壌をよく知っておかなければならない。特に菌根性の樹木を植える場合は、微生物の生息状態が決め手になることが多い。そこで、一九九〇年から三年間、毎年演習林にあるフタバガキの森林とマカランガの二次林および草地の土壌を深さ別（〇―二、一〇―一二、二〇―三〇センチ）にとって、微生物を分離してみた。方法は希釈平板法、培地はアルブミン寒天培地とグルコース・ペプトン培地および無窒素培地とした。サンプルの希釈倍率は一〇の四乗、無窒素培地の場合は一〇の三乗とした。なお、同時に土壌のpHと含水率も測っておいた。[10]

一例として、一九九一年三月のデータについて述べる。土壌微生物相はそれぞれ植生に応じて異なっているのが普通である。有機物に覆われていて、乾湿の差が少ないフタバガキの森林土壌ではカビやキノコが多く、放線菌については草地と大差ないが、細菌は少なかった。

草地は森林に比べると、環境条件の変化が激しい。そのため、微生物の組成が森林とまったく異なっており、乾燥に強い放線菌が優勢だった。草地にカビが比較的多いのは、草の根が餌になるためである。また、先に触れたように、何度も火が入っているせいか、空中窒素固定菌グループも多かった。

マカランガの二次林では不思議なことに全体に微生物数が少なく、ことに細菌とカビが減っていた。そこで、マカランガの葉を集めて水で抽出し、濾過殺菌して培地に加えてみると、細菌の成長が多少抑制された。しかし、思ったほどではない。どうやら、一種のアレロパシーに似た現象のようだが、詳しいことはわからない。

一九九二年の三月に同じ場所からサンプルをとって土壌微生物相を調べたら、ひどく違っていた。草地土壌ではカビと細菌の数が一桁少なくなっていたが、フタバガキ林では前年とほとんど差がなかった。マカランガの林分では、乾湿に関係なく、常に微生物数が少なかった。

どうしてかと思ったら、一九九二年の秋から草が枯れるほどの異常乾燥が続いたためだった。三月でも、草地の表層土壌の含水率は五・五パーセントで、地表には亀裂が入っていたほどである。赤道直下では地表温度が五〇℃を超えるので、雨がないと急速に土が乾いてしまう。乾くと、シャベルが使えないほど硬くなり、逆に雨が降るとぬかるみになってしまう。

ついでに、熱帯土壌の空中窒素固定菌を調べてみることにした。先の三地点のほかに、マカランガ林の火災跡地、アカシア・マンギウムの火災跡地、コショウ畑の放棄地、トウガラシの栽培跡地および一年前に木炭粉を散布しておいた畑と無処理のところから、それぞれ土壌サンプルを集めた。採取点はそれぞれ三〇カ所とし、とった土をよく混ぜてその一部をとり、微生物を分離培養した。分離方法は平板希釈法、培地は窒素源を抜いた合成培地である。

いずれの場所からも、無窒素培地でかなりの数の細菌が分離されたが、アゾトバクターのコロニーはごくわずかで、バイエリンキアが多かった。火災の跡には消し炭が残っており、それが窒素固定菌の住み家になるらしい。一年前に粉炭を散布したところでは、細菌が異常なほど増え、無処理のところに比べて約三倍になっていた。窒素固定菌もそれにつれて増えていたが、どこでもこのようになっているのか、詳しく調べた例はない。

熱帯土壌のように微生物活動の盛んなところで、菌根菌はどうしているのだろう。それを知るために、フタバガキの若い根とその菌根の周りにいる微生物を調べてみた。ショレアの苗の根からスクレロデルマの菌根をとり、ドリオバラノプシスからはキツネタケ属の菌根をとった。さらに、双方から伸び出したばかりの若い根を採り、水道水、純水、殺菌水の順によく洗い、ついている土を落とした。次に若い根と菌根を三〇〇ミリグラムずつとり、フラスコに入れた一〇ミリリットルの殺菌水に浸し、手でよく振って表面についている微生物を溶かした。その一ミリリットルをグルコース・イーストエキス培地と無窒素培地に加えて培養し、出てくる菌を調べた。

その結果、若い根には細菌が多かったが、菌根では少なくなっていた。一方、放線菌とカビの数は根と菌根でほとんど変わらず、種類の違いも見られなかった。これは他の例から考えて、菌根から抗細菌性物質が出ているせいと思われた。ところが、無窒素培地で分離すると、若い根の細菌数が先の細菌分離用培地でえられた値の四分の一に、スクレロデルマの菌根では二分の一になり、キツネタケ属のものは変わらなかった。このことから、菌根の周辺には窒素固定菌が集まりやすいように思われた。このときは証明できなかったが、後に述べるように、菊池淳一さんが面白い結果を出している[11]。

微生物に関して、もう一つ面白いことがある。日本では真夏の朝、飲み屋街を歩くと、たまらない悪臭が漂ってくることがある。しかし、熱帯のゴミ捨て場や繁華街には意外に悪臭がない。生鶏糞で堆肥を作っても、ほとんど悪臭が出ない。そこで、生ゴミや魚のあらとニワトリの糞を混ぜて腐らせたら、やはり臭いがしない。これにバナナを混ぜると良い臭いがしてきた。菌を分離してみると、きわめて成長の速い枯草菌、バチルスの仲間が出てきた。これも、面白いと思っただけで、お蔵入りである。

熱帯の土壌や森林には、窒素固定菌だけでなく、強い分解力を持った微生物や有益な物質を生産するものが、まだたくさん眠っているはずである。窒素固定菌だけを見ても熱帯土壌は微生物の宝庫ともいえるだろう。逆に人間に有害なものも多い。なお、資源保護問題が浮上しているので、取扱いには慎重を期してほしい。

サマリンダに五年間通って、国際協力事業団との約束をある程度果たすことができたが、それで終わりではない。得られた知識を実際問題にどう活かすのか、それが問題だった。農林学では、研究した結果が人の役に立たなければ、何の値打ちもない。そこで大きく方向転換することにした。

5 苗づくりから始める

ガジャマダ大学との共同研究

ムラワルマン大学で「熱帯雨林再生プロジェクト」に加わって二年目のある日、実験室にいたら、全員事務棟に集まれと言われた。ちょうど殺菌釜を調節したところだったので、実験衣をはおったまま遅れて行くと、警備の車がずらりと並んでいる。

部屋に入ると、みんなひどく緊張して整列している。その真ん中に、学長や役人を従えてチョボ髭を生やした風采の上がらない男が立っていた。突っ立っていると、気に障ったのか、じろりと睨んで、「君は何をやっているのかね」と聞く。「フタバガキを育てるために、菌根の研究をしている」と答えたら、「それも結構だが、人が飯を食える森を作ってくれたまえ」ときた。ちょっと、ムカッときたが、「そう言われれば、そうだ」と思ったものである。

その後、大講堂で講演会があり、全職員が出席して盛大なパーティーが開かれた。これが当時スハルト大統領の右腕といわれた、有名なボブ・ハッサン氏だった。彼は当時木材協会会長でインドネシア体育協会会長、スハルトとのコネを使って木材会社をいくつも持っている大資産家だった。ところが、一九九八年五月の政変でスハルトが失脚すると、この林業界のドンも連座して警察に拘留されてしまった。インドネシアの森林を破壊した元凶はスハルト一派だといわれ、その影響は大学人にも及んだそうである。

熱帯雨林の再生を図りながら、「食える森」を作るにはどうすればいいのか。その後、これが私たちの命題の一つになった。先のように菌根のことがわかったら、論文を書いてそれで終わりにすれば、なんの苦労もない。しかし、何とかしてもう少し実践的な仕事に持っていきたい。そこで、活発なスハルディさんたちがいるガジャマダ大学に的を絞ることにした。

ガジャマダ大学は一九四七年、インドネシアが独立した年に設立された国立大学である。多くの官僚や企業人を世に送り出しているので、各界に有能な人材が多い。ただし、林学部は一番新しいので勢力が弱く、林業省の中でもボゴール農科大学に頭を抑えられていた。

大学はジョクジャカルタの町の中にあって、後ろに活火山のメラピ山がそびえているので、地震が頻発し、時に噴煙を被ることがある。建物の外見は立派に見えるが、見かけ倒しで、およそ実験設備や標本室と呼べるほどのものがない。研究予算は雀の涙で、先生たちの給料は安く、みんなアルバイトをしていた。このころの学生たちは活き活きしてはいたが、痩せこけて表情はかなり険しかった。そこで何とか資金を調達して教育を助け、共同研究を始めようと思いたったというわけである。

ちょうどそのころ、関西総合環境センターから研究所を作りたいので、来ないかという誘いを受けていた。話を持ってこられた常務取締役の堀比呂志さんに研究支援をお願いしたところ、それは面白いという話になった。

「熱帯林再生を支援する」というキャッチフレーズは、二酸化炭素の大きな排出源である電力会社にとって、環境問題に対応した格好のいいパフォーマンスになる。今から思えば、よくぞ取り上げてくださったと思う。この支援がなかったら、今、世界的に動き始めた「バイオチャー」運動もどうなっていたかわからない[1]。私の人生訓の一つ「ダメもと」の典型だった。

林学部の中では、以前から産業植林派と自然保護派の二派が対立していた。前者のリーダーは、当時の学部長、スミトロさんだった。噂によるとボブ・ハッサンに近いので、若い先生たちは陰で「ボブ・スミトロ」と呼んでいた。後者のリーダーは、造林学や林木育種の草分けで初の女性教授、故ウミさんだった。この二人は教授だが、他のスタッフはすべて講師で、学部長、福学部長、学科長などはいずれも任期制で、互選によって決めていた。日本のような講座制がないので、開放的で楽しそうだったが、スミトロ部長と生意気なスハルディさんは、時々衝突しているようだった。

スミトロ教授は数字に強いやり手で、大学の先生というよりビジネスマンタイプである。その後、シイタケ栽培を教えてあげると、メラピ山の中腹に栽培場を作って商売を始めるほどの人物である。失敗続きでだいぶ苦労したらしいが、一時はホテルに納めるほどになっていた。その後、風の便りに健康を害していると聞いた。

調査対象地域：
インドネシア共和国：　スマトラ島（8州）、 カリマンタン島（4州）

図 5−1　インドネシア共和国とマレーシア連邦の地図。

一九九一年、スミトロさんからＩＴＴＯの会議に出席するため東京に来たので、会いたいと言ってきた。会議場の外で話を聞くと、セントラルスマトラで林業会社の所有地を譲り受け、大学の演習林を作りたいという。そのため、企業から資金を集めて財団を作って自分が理事長になり、演習林を経営する計画だと、地図を持ち出して熱心に説明してくれた。ボブ・ハッサンの息がかかった林業会社など、いかがわしい点もあったので、経営に参加するのは断った。ただ、研究協力ならやぶさかではないので、熱帯雨林再生の共同研究を提案してみた。

それがきっかけで、共同研究の線で話し合いが順調に進み、関西電力がスポンサーになって林学部や演習林の整備を手伝いながら、一〇年計画で熱帯林再生の共同研究を始めることになった。一九九三年の四月に関電の秋山社長や駐インドネシア大使など、関係者が出席してガジャマダ大学で盛大な調印式が行われた。以下に一〇年にわたる共同研究の成果を要約しておく。[2]

スマトラの演習林

スマトラの真ん中にあるジャンビ州の面積は、およそ四国ほどである。演習林はバタンハリ川沿いにあるので、ムアラテボの町から渡し船に乗ると、目と鼻の先だが、この船がいつ動くかわからない。そのため、いつもジャンビから車で五時間かかっていた。

演習林に入ると、赤土の林道が延々と続く。天然林はおろか、択伐された二次林も少ない。中には移住農民が住んでいる小屋が点在し、焼畑の跡や草地が多かった。道路脇にパンツだけの原住民が槍を持って立っていたり、時にゾウの足跡に出くわしたりすることもあった。噂では、まれにトラが出没するという話だったが、野生動物も開発と乱獲で減っている。

木材搬出用につけた幅広い赤土の道路を走ると、黄色い砂塵が舞い上がり、全身がきな粉をまぶしたようになってしまう。ところが雨の後は車が横向きになって走るほど路面が滑りやすく、坂道にかかると、ジェットコースターに乗ったような気がしたほどである。そのため、車の事故が多い。

森林地域は一応国有地のはずだが、所有権がはっきりせず、慣習上地域住民が利用権を持っている。古来、原住民が狩りをし、燃料や食物を採集してきたところだから、それぞれ縄張りが出来上がっていたのだろう。原住民の手にゆだねられていた間は、荒らされることもなかったが、林業会社が入ってくると、すっかり様子が変わってしまった。

木材の伐採・搬出は個人では難しい。そのため、先にも触れたように、資本力のある林業会社が政府から伐採権を入手して林道をひき、売れるものだけを伐り出す。林道ができると、小規模な伐採業者が入り、続いて移民政策にのせられた俄か農民が入ってきて焼き畑をするという図式は、スマトラでも同じだった。

演習林用の森林は、一九七〇年代から一九九〇年代半ばまで政府系林業会社に属していたが、伐るものがなくなったので、大学に譲渡したというのが実情である。森林面積は最初一〇〇〇ヘクタールと聞いていたが、数年の間にどんどん狭くなり、焼畑に変わっていった。ここももとはフタバガキを主とした天然林だったが、種子をとるための保存林でさえ、択伐された跡だった。

初めは林業会社がくれた見取り図を持って、植林予定地を回っていたが、そのうち案内する方も曲がりくねった道に迷ってしまい、もといたところへ戻ってしまうありさま。「大体こんなところだ。ティダアパアパ（大丈夫、大丈夫）」というのがインドネシア流である。それでも何とか予定地をいくつか確認して、植林に使える場所を決めたが、その通りいくかどうか不安だった。私のほうはスポンサーの手前いいかげんなことはできない。

初めて訪れたときは、学生用の宿舎や講義室が一応出来上がり、実習を始めたばかりだった。宿舎の近くにある苗圃も狭くてお粗末なものだったので、まず手始めに、その整備を手伝うことにした。演習林には管理人や運転手、作業員や賄いの人までそろっていて、仕事に差し支えることはないが、意思が通じにくいのが厄介である。当然、みんな少しずつインドネシア語を操るようになったが、大学で話すと「それは人夫言葉だ」と笑われたそうである。

イスラム教の戒律に従ってアルコールは厳禁。そのため、食事が唯一の楽しみだが、メニューは毎日ぼそぼそのご飯とキャッサバ、鳥や川魚の空揚げ、キャッサバの葉っぱや野菜の煮つけである。生焼けの淡水魚を食べるときは、寄生虫がいるので、かなり勇気がいった。それに引き換え、果物はバナナ、ドリアン、マンゴー、パパイア、ジャックフルーツ、ランブータン、スイカなどのウリ類と、色とりどりで、驚くほど安かった。

後でわかったことだが、ここはバタンハリ川に沿った低湿地で、マラリアやデング熱の常襲地帯とされ、小説の種にもなったほどの不健康地である。あまり暑いのでシャワーを浴びようと思ったら、壁に縞のある蚊がお尻を持ち上げてとまっている。できるだけそっと逃げ出して、強力な殺虫剤を息ができないほどまき散らす。これがマラリアを媒介する有名なハマダラカである。

そんなところへ仕事のためとはいえ、若い研究員を長期間送り込むのは、大変心苦しいことだった。一方、学生たちはジャワ島の真ん中にあるジョクジャカルタから演習林まで、クーラーのないバスに乗せられて、毎年やってくるという。バス旅行に慣れているとはいえ、これだけでも厳しい実習である。

おまけに、火事とチェーンソーの唸りに追われながら、木を植えるのは、実に虚しい仕事である。地元住民にとって、大学など無縁の存在で、ガジャマダ大学だといってもポカンとしていて一向に権威がない。大学もここでは招かれざる客の一人にすぎないのである。

ここでの仕事は、もっぱら森林生態と植林担当の沖森泰行さん（現環境総合テクノス）、育苗と菌根担当の菊池淳一さん（現奈良教育大）、菌根と炭の効果担当の大和政秀さん（現鳥取大）などに頼ることになった。申し訳ないことだが、私は一〇年にわたる研究期間を通じて五、六回訪れたにすぎない。

この研究は関西電力をスポンサーとして、第一期（一九九二―一九九七年）、第二期（一九九八―二〇〇一年）、第三期（二〇〇二―二〇〇四年）の三期に分けて、一三年間にわたって生物環境研究所とガジャマダ大学林学部の研究員の間で行われた。

フタバガキの苗づくり

ガジャマダ大学との熱帯林再生共同研究が一九九一年に決まるとすぐ、京都大学大学院の博士課程を終えたばかりの菊池さんを研究チームに誘い込んだ。菌根の知識はあるが、熱帯でのフィールドワークの経験はない。熱帯雨林の先生は沖森さんである。

今から思えば乱暴な話だが、カリマンタンで私が得たことをすべて教え、フタバガキ苗の実用的な作り方を工夫する役割を押し付けてしまった。後に、彼は自分で実験して菌根が苗の成長に驚くほど効くことを知り、「小川所長に聞いたときは半信半疑でした。自分で見るまでは、所長の言うことはほんとかなと思っていたのが、今ではスクレロデルマの信者になりました」と書いている。[3]

菊池さんは、私がカリマンタンでしたように、まず菌根菌の採集から仕事を始めた。演習林の中からとれた菌根菌は四一種で、植物種の豊かさに比べると少ない。その内訳を見ると、テングタケ属一〇種、イグチ科（イグチ属とキヒダタケ属）一二種、ベニタケ科（ベニタケ属とチチタケ属）一二種、オニイグチ属二種、スクレロデルマ属二種、アセタケ属一種、ヒダハタケ属一種とヒメノガステル属一種である。このキノコ相は、カリマンタンの場合とよく似ており、前にも述べたように、日本のシイ・カシ林やコナラ、クヌギ林などのものと種は異なるが、そっくりだった。彼も子実体や胞子から菌糸を分離培養したが、培養可能なものはわずか八種にすぎず、いずれも成長があまりよくなかった。これまでの経験からも苗づくりに培養菌糸を用いるのは、手間とコストの点から無理ということになった。[4]

苗圃で育てたフタバガキの苗には、よくスクレロデルマ・コラムナレの白い菌根がついている。植えて数年たったポットから、子実体が出ていることも珍しくない。この菌はスマトラのように多少乾燥気味のところで繁殖しやすいようだった。接種試験の結果、この菌を使うことにしたが、何万本もの苗を育てるのに、いちいちキノコを集めて胞子をとっていたのでは、いかにも効率が悪い。

そこで「母樹感染法」[4]を試してもらうことにした。実は、カリマンタンで仕事をしていたころ、ポットに炭を加えてフタバガキの苗を植え、それを苗床に並べておいたら、一年後にポットの中で根粒がたくさんできていた。フタバガキに根粒ができるはずはない。よく見ると、近くにあるアカシア・マンギウムの根が潜り込んで、根粒を作っていた。マメ科のアカシアと根粒菌は炭好きだから、自然に感染したのだろう。これを見て、「あぁそうか」と思った。ただし、設計図を書いただけで実験しないままだった。

　菊池さんは、成長が速くスクレロデルマがしっかりついているショレアの若木を、前もって苗床に等間隔に植えておいた。こうすると、苗床の地表に菌根のついた根が広がるからである。これを菌根の母樹という。一年後に、種子をまいたビニールポットを母樹の下に並べた。種子から出た根がポットの底まで伸びると、母樹の根についていた菌糸がポットの穴から入って菌根を作ってくれるという仕掛けである。

図 5-2　母樹感染法。菌根がついた母樹の下にポットを並べて、菌糸が苗の根に自然につくようにした。菌根ができたポットでは葉の色が変わり、成長がよくなった。

　菌根ができ始めると、母樹の根元にあるポットの葉の色が濃くなり、次第に外側へと移っていった。その広がり方はかなり速く、六月二〇日に感染率二五パーセントだったものが、一二月四日には一〇〇パーセントになっていた。播種の日から数えても、八カ月ほどで菌根つき苗ができたことになる。

菌根がついた苗は葉の色が農緑色に変わっただけでなく、菌根のないものに比べて苗高が三倍、乾燥重量で二倍近くになった。幸か不幸か、日本のように菌根菌が多いところでは、このような劇的な現象はなかなか見られない。

菌根つき苗の成長

一九九四年になると、苗圃で菌根をつけたショレア・パルビフォリアとショレア・マクロプテラの苗ができたので、植林後の育ち方を見るため、焼畑跡地に植える実験が行われた。植えた若木の根を一年後に調べると、スクレロデルマの白い菌根がびっしりとついており、他の菌根は見られなかった。おそらく、荒れた熱帯の土壌には菌根菌が少ないため、スクレロデルマが根を独占するのだろう。一般に、いったん苗の根についた菌は根に沿って菌根を作りながら広がるので、接種効果が長い間持続する。なお、一〇年後にこの木の成長を測定したところ、二種とも菌根をつけた木の成長が勝っていた。要するに、幼児期の育て方が後まで尾を引くというわけである。

一九九六年には、一二種のフタバガキについて菌根つき苗と菌根のない苗を、合計二五〇〇本準備し、十数ヘクタールの焼き畑跡地に植栽した。菌根がついた苗の生存率は、菌根のないものに比べて二倍になった。その後、毎年成長量を測定したところ、多くの種がよく成長し、菌根がついた

図5-3　菌根がついた苗から育ったフタバガキ（植栽6年後）。

ものは樹高成長で約二〇パーセント高くなった。最大のものは二年で樹高四メートルを超え、中でもショレア・レプロスラが速く、八年後には平均樹高一一メートル、根元直径一一センチに達した。アカシア・マンギウムに比べると遅いが、マツやスギなどとは比較にならない速さである。ただし、裸地に植えると、光が強すぎてフタバガキの成長が抑えられ、菌根のつき方も悪くなった。[2]

このように書くと、簡単そうだが、菊池さんは一〇年以上にわたって熱帯林の中で悪戦苦闘していた。[3] まず、樹木の種類を見分け、植物やキノコを同定して覚えることから始まる。苗圃で苗を育てていると、ヤギが入ってきて葉っぱを食べてしまう。「追い払うと、安全なところまで避難して、こちらがあきらめるまで待って、またすぐに戻ってきて食べ始める悪魔のようなヤギですが、時に

図5-4　野外へ植えた苗についで増えるスクレロデルマの菌根。

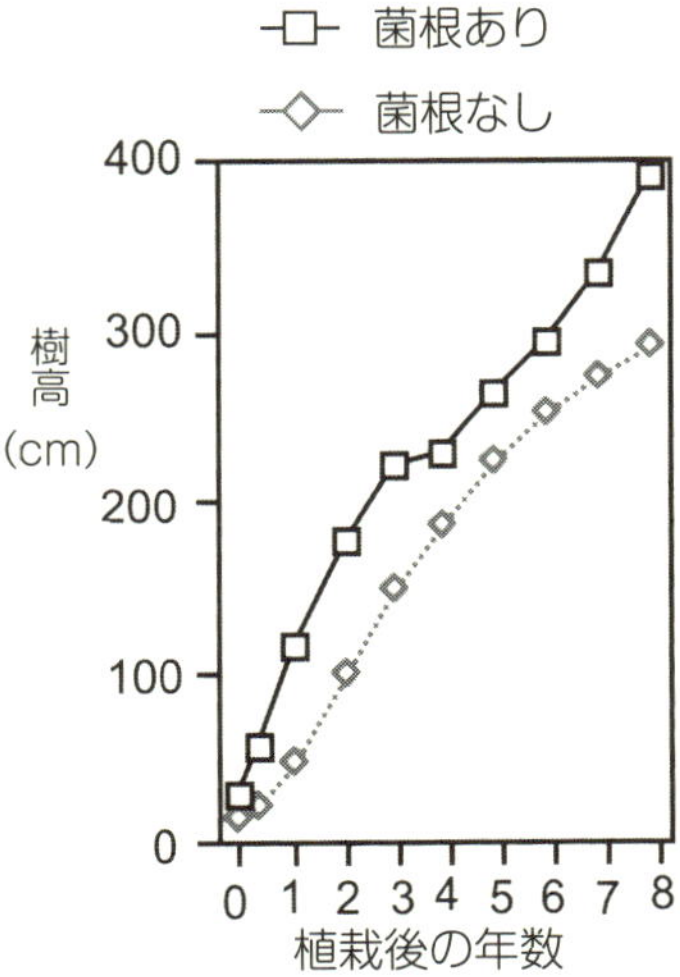

図5-5　林地へ植えたフタバガキに表れた菌根菌接種効果。

皮をはがれて串焼きにされているのを見ると、少しかわいそうになります」と言う。

　植林作業も大変な重労働である。炎天下で下草を刈り払い、固い土に穴を掘って苗木を植えていく。植えた跡も雑草の成長が速いので、下刈りをしなければならない。一年一回成長測定をするが、「一年も放っておくと、樹高五メートルを超える成長の速い灌木に覆われ、フタバガキの苗がどこにあるのかわからなくなります。私が汗びっしょりで水を数リットルも飲みながら必死でついていくのに、一緒に働いている人夫は水も飲まず、汗もかかず仕事を楽々とこなします」と菊池さんは現地人のタフさに感心している。おまけに作業が終わってキャンプに帰ると、すぐバレーボールを始めるそうだから、体のできが違うらしい。朝早くから仕事にかかり、日中は休むが、慣れない彼は死にそうな思いをしたという。

　焼き畑農民とのトラブルも多く、植林地でもお構いなしに入ってきて、「ここは俺たちが作物を植える場所だ」と断固として主張し、植えた苗を引っこ抜いたり、焼き払ったりする。しかし、菊池さんは手の出しようもなく、見ているだけだった。「一年かけて準備した試験が、そういったことでつぶれてしまうのはとても悲しい。また、せっかく数メートルに育ったかわいいフタバガキが無残に伐られるのを見ると、彼らのゴムノキを全部伐り倒して、畑を焼き払ってやりたいと痛切に思います」ともいう。多少とも慰められるのは、経験を積んでから「苗を植えて、それがすくすく育つのを見るのはうれしいもので、慣れてしまえば、フタバガキの植林もさほど難しいとは思えません」と文章を結んでいたことである。こんな仕事に疲れ果てたのか、彼は一応区切りがついた時点で退職し、大学教員になる道を選んだ。今は、そのほうが賢明な選択だったと思っている。

実生苗と挿し木苗

苗を大量生産するには、種子からだけでなく、自然に生えた実生苗や挿し木苗を使うことも考えなければならない。この仕事は菊池さんが手がけて、菌根の仕事がしたいといって入社した大和政秀さんが引き継ぐことになった。

一九九三年以降、植林事業を行うために少しずつ苗圃を広げ、一九九三年から一九九六年にかけて八万本、一九九八年には二六万二五〇〇本の苗を生産した。このうちの七五パーセントは実生苗、いわゆる山引き苗である。実生苗は根を掘り取るので、蒸散を抑えるために葉をほとんどむしり取る。多くのフタバガキが日射量の少ないところを好むため、木立の中にポットを並べて日陰で育てる。こうすると生存率が高くなった。

また、成り年だった二〇〇〇年には演習林の中でフタバガキの種子を大量に集め、一万二〇〇〇本の苗を作った。それ以後、ガジャマダ大学の演習林では、「母樹感染法」で菌根をつけた苗を事業用に大量生産し、林業会社や地方政府などに売っているという。[2]

フタバガキの苗を挿し木で増やす方法は、一九八〇年代から各地で試されていた。この方法は、形質のよい木を短期間育てて伐採する産業植林には適しているが、長期間森林を温存する環境植林には適さない。というのは、対象が挿し木で繁殖しやすい樹種に限られ、親木も特定されるために遺伝的形質が限定される。長年自然環境の変化に耐えて生き残るためには、当然遺伝形質が多様なのが望ましく、事実、植物は元来その方向へと進化してきたはずである。とはいえ、時流には勝てないので、実験してみることになった。

挿し木で殖やすには、挿し穂のとり方やホルモン剤を使った発根処理方法を工夫しなければならない。挿し穂のとり方にもコツがある。苗圃で育った若木を高さ一メートルで伐る。こうすると脇芽がたくさん出てくるが、樹皮が茶色になるまで待って伐り取る。長さ一五センチ程度に切りそろえて、葉を二、三枚残し、さらにそれを半分に切る。これは葉面からの蒸散量を抑えるためである。その挿し穂を培土に三—五センチほどつき挿し、乾かないように絶えず水をやる。一カ月ほどたつと切り口の少し上から若い根が出て、脇芽から新しい芽が出てくる。実験の途中で水をやりすぎたり、乾いたり、菌が入ったりすると、すぐ萎れて枯れてしまうので、普通は生存率が低い。

また、発根して成長し始めるまでの間、温湿度や光条件をうまく調節しなければならない。そのため、実験できるのはガラス室と電気、水道などの設備が整っている都会に限られる。しかし、演習林にはガラス室も実験室もない。バンバンと騒音を響かせる自家発電は夜だけで、水も井戸から汲むしかない。その中で、菊池さんは「ウォードの箱」のような安上がりの方法をあみ出した[4]。

日覆いの下に置かれた、培土を入れた方形の箱に挿し穂を植える。次に細い棒で長方形の枠を作り、ビニールシートを張って箱の上を覆い、このビニール天井に水を張る。こうすると光は通すが、温度がある程度低く保たれるので、苗が育つというわけである。

実験結果を見ると、樹種や培土の種類によって根の出方や生存率が異なるのがわかる。ショレア・レプロスラの場合はモミガラくん炭に挿し穂を植えると、平均四〇パーセント発根し、生き残るものが多かった。しかし、ショレア・マクロプテラやショレア・アクミナータ、ショレア・パルビフォリアでは赤土に挿したほうがよく発根し、特に、ショレア・パルビフォリアでは発根率が五〇パーセントになった。この値は低いかもしれないが、悪条件のもとで得られた数字としては上出来である。なお、生存率が実験のたびごとに大きく変わるので、この方法を実用化するのは難しいという結論になった。

なお、挿し木法でフタバガキの苗を生産しているのは、ボゴールに本拠を置いて実験していたコマツのグループだけだった。そこでは生存率が高く、十分実用的に産業用植林の苗木が作れるほど、技術も出来上がっていた[5]。数年前まで国際協力事業団の支援で続けているという話だったが、いずれにしてもコスト高である。

6 食える森を作る

熱帯雨林にはまった沖森さん

一九八九年三月、ブキットスハルトにあるムラワルマン大学の演習林を初めて訪ねたときのこと、宿舎の中からチョビ髭をはやした若い男性が顔を出した。編み上げ靴をはいて直立不動で挨拶する様子は、まるで旧陸軍の前線にいる小隊長のようだった。沖森さんは京都大学大学院に在学中、インドネシアのボゴール農科大学に留学し、その後国際協力事業団の長期専門家として勤務していた。

彼の言によると、「留学したのは、単に熱帯雨林に憧れたためだけ。動機が単純だから、先生にも『そんなんで何しに行くねん』と叱られた」そうである。それから三〇年あまり、東南アジアからオーストラリアへかけて渡り歩き、何度も危険な目にあいながら膨大な仕事をこなしてきた。今では熱帯雨林の生態や植林事業の現場を知る数少ない研究者の一人である。いつ会っても元気で前向き、そのきびきびした態度は若いころと少しも変わらない。

ブキットスハルトの演習林事務所はバリクパパンからサマリンダ、さらに奥地へとつながる道路沿いにある。ここは、第二次世界大戦中、日本陸軍の野戦病院が置かれたところで、今もその跡が残っている。また、一時スハルト政権下で共産党の勢力が強くなり、ソ連の援助で建てられた工作物の跡もあるなど、僻地のわりに複雑なところである。

日本軍が東カリマンタンに進出したのは、バリクパパンや奥地にあるオランダの石油基地を奪い取るためだった。その輸送道路の建設工事が日本軍の手で行われたが、難工事だったらしい。大勢の若い兵士が、マラリアやアメーバ赤痢にかかって戦病死したという。

ある日、仕事を終えて運転手と二人でジープに乗って帰ることになった。疲れ果てていたので、乗るとすぐ眠気を催し、坂道を登るころには夢うつつだった。ちょうどそのとき、若い男性の斉唱がこだまのように聞こえてきた。なんと「さらばラバウルよ」という昔の軍歌である。びっくりして目を覚ましたが、まだ耳の底で歌が聞こえている。ところが、なぜか坂を登りきると、歌声が途絶えた。たぶん、車が風を切って走っていたせいだろうと思ったが、気味が悪かった。

事務所に帰ってみんなに話すと、あの曲がりくねった坂道は、ことのほか難工事だったために多くの兵士が亡くなり、道端に遺体を埋めたという。今もその跡を弔う人が、時々訪ねてくるそうだから、確かな話らしい。戦争とは、兵士にとっても民衆にとっても、無残で無益なものである。その後は通るたびに合掌して冥福を祈ることにした。

それはさておき、沖森さんはスマトラで仕事を始める前、何年もここで植林の難しさを体験していた。いろんなショレアの種子を集めて苗圃で育て、調整員の八戸さんと一緒に演習林の中に樹木園を作ることから始めたという。実際にスクレロデルマの菌根が役立つことを確認できたのも、この樹木園だった。

さらに、フタバガキが日陰を好むことを考慮して、ギャップ植林を試みていた。ギャップというのは、択伐した後にできる空間のことである。熱帯雨林は樹種が多く、性質の異なる木が交じり合い、空間を分け合って育っている。そのため、少数の樹種が一斉に育つ温帯や亜寒帯の森林と違って、上から見ると凸凹しているが、それなりの秩序が出来上がっている。伐採されるフタバガキは高木だから、伐り出すと大きな空間ができる。そのまま放っておくと、成長の速い草木に覆われてしまうので、刈り払ってフタバガキを植えるのがギャップ植林である。[1]

沖森さんたちは樹種を選んで、伐採跡にできた空き地に数種類一緒に植えたり、数本まとめて植えたりしていた。また、日射量を変えるため、幅を変えてベルト状に雑灌木を刈り払ったり、スポット状に空間を作ったりして植える方法も試していた。ところが、ここでも火災のためにせっかく育ち始めた木が燃えたり、動物に食われたりすることが多く、なかなかデータをとるところまでいかなかった。そのうち、長期専門家としての任期が終わったので、熱帯好きの沖森さんを生物環境研究所へ誘ったというわけである。

植林を始める前に

植林する場所は、焼き畑跡の裸地から灌木が残っている伐採跡地、ゴム園やアブラヤシ園、択伐が行われた二次林など、さまざまである。したがって、それぞれ植栽方法や管理の仕方も異なるので、植林を始める前にその特徴を把握しておく必要があった。まず、既存の植林地の調査にかなりの時間を割いたが、これも大切な勉強だったという。以下に、その内容を紹介する。[2]

焼き畑跡地で草原型になったところは、火入れをするか、刈り払って地ごしらえをする。そこに強い光に耐える樹種をすぐ植えるか、前もってアカシア・マンギウムやパラセリアンサスのような成長の速い木をまばらに植えておく。一、二年たって日陰ができたところでフタバガキを植える。この影を作る木のことを、シェーディングツリーまたは被陰樹という。

同じ焼き畑跡でも、スマトラではトレマ・カンナヴィナやトレマ・オリエンタリスなどの灌木が自然に繁茂する場合がある。トレマは葉が小さくて細いので、光を通しやすい。これを間引いて、フタバガキを植えるとよく育つ。そこで、光の強さを測定してみると、苗木の成長に最も適当な相対照度は二〇パーセントだった。また、トレマはシダや草本植物の成長を抑え、三、四年で自然に枯れるので、この点でも都合のよい被陰樹だった。

一方、スマトラではパルプや天然ゴムを目的とする産業植林が進んでいる。その面積はここ十数年の間に数百万ヘクタールになり、今も増え続けている。そのため、アカシア・マンギウムやゴムノキの間にフタバガキを植える試みも注目されている。

パルプ用の木は八年から一〇年で伐採され、ゴムノキは二五年から三〇年で伐採されるので、フタバガキはしばらくの間日陰で育つことができる。このように樹種転換すると、後継樹のフタバガキは伐採まで少なくとも五〇年は保たれるので、二酸化炭素吸収源としても役立つというわけである。産業植林と環境植林を組み合わせる苦肉の策だが、現地ではかなり期待されていた。ただし、アカシア・マンギウムでもゴムノキでも間隔を開けて植えると下生えや灌木が茂り、管理に手間がかかるので、大規模に実施された例はまだ少ない。

さらに、熱帯雨林再生のためには、劣化した択伐林を修復する方法も重要である。そこで、伐採後に植生が回復する過程を調べようと、沖森さんやルジュマンさんたちは二ヘクタールの調査区を設け、胸高直径五センチ以上の木をすべて測定した[2]。その後、京都大学の院生だった加藤剛さんが加わり、一五ヘクタールについて、同様の毎木調査を行ったという。考えただけでもうんざりするような仕事だが、木が大きく、種数も多いので、これほどの規模で調べないと全容がつかめないという。

その結果、この二次林の立木密度（胸高直径五センチ以上）はヘクタール当たり一三〇〇―一四〇〇本で、胸高断面積で見ると、フタバガキが一三・五パーセントを占めていた。また、過去にヘクタール当たり平均八本のフタバガキ（胸高直径八〇センチ以上）が伐採されていたという。切り株や林道沿いにできたギャップの面積は三〇―四〇パーセントにもなるので、伐採による破壊の規模がいかに大きいかがよくわかる。なお、ギャップの中にはフタバガキの稚樹が育っており、うまくいけば徐々に熱帯雨林が戻るはずだが、一体どれほどの時間がかかるのだろう。

択伐によって明るくなるので、残された木の成長がよくなるのではと思いがちだが、そうはいかない。インドネシア林業省の公式見解によると、フタバガキの残存木の肥大成長量は年二センチとされているが、沖森さんたちが八年間測定した結果では、一センチを超える例はまれだった。樹高と胸高直径から相対成長式によって割り出した地上部の現存量を見ると、一九九三年に二四四・四トンだったものが、二〇〇〇年には二五六・七トンに増加していた。したがって、七年間の平均成長量はヘクタール当たり年一・七四トンになる。この値は決して大きいものではないが、その原因は一九九七年のエルニーニョ現象による異常乾燥である。この年の現存量はマイナス一一・四トンに達し、大きく成長量を引き下げた。もしこの異常乾燥がなければ、年成長量は三・一〇トンになっていたはずだという。

異常乾燥は熱帯雨林の樹木の成長量だけでなく、生存率や開花にも大きな影響を与える。一九九三―一九九七年までの四年間に枯死した、胸高直径一〇センチ以上の木の本数はヘクタール当たり、年七・九本だったが、異常乾燥の翌年一九九八年には二七本に増え、その後は一二本になったと報告している。[3] 木を伐ると、樹冠が閉鎖している森林に比べて空間が広がり、地表からの蒸散量が増加する。ことに、異常乾燥が続く年には水切れが起こり、根の浅い樹木はすぐ枯れてしまう。「熱帯林は放っておいても、すぐもとに戻るから大丈夫だ」という人もいるが、自然生態系はそれほどタフではない。

もう一つの大変な仕事は、地下のバイオマス、すなわち根量の測定である。地上部を測った例は多いが、熱帯雨林の根のデータはほとんどない。そこで菊池さんたちは実際に根を掘り取って測ることにした。彼は「細根や菌根をきちんと採取するには、大きなスコップなど使えません。長さ一五センチほどの根掘りで一〇メートル四方の調査区を深さ一メートルまで掘り起こします。……結局一本の木を二人でひと月以上、ひたすら掘り返すことになりました」と書いている。[4]

樹高三メートルの稚樹から二〇メートルの中木まで、ショレア・パルビフォリアを五本選んで伐り倒し、根を掘り上げることにした。初めは手で掘っていたが、土が硬いので、川からポンプで水を汲み上げ、洗い流しながら根を掘り上げたという。その結果、樹高二〇メートル、胸高直径一六センチの場合、全乾燥重量が一二〇〇キログラム、根が一六一キログラム、根の重量は植物体全体の約一三パーセントになった。他のものについても同様の相関関係が見られ、地上部と地下部の比率は安定しているように見えた。この値は温帯の常緑広葉樹について得られた値に比べると小さいそうである。

この仕事を担当した菊池さんの記録を読むと、[3]根の分布や広がり方がよくわかる。フタバガキには昔の電気スタンドのような三角形の板根ができるが、これは土に入ると、直径数センチの普通の細い根になる。樹高三〇メートルを超える木でも根の広がりが狭く、幹から一〇メートルの範囲に限られており、直根は深さ一メートルで細くなって二メートルで見えなくなる。フタバガキの側根は深さ三〇―八〇センチの範囲で水平にまっすぐ走り、そこから下に伸びるシンカー根も多いが、その範囲は幹から一メートルに限られる。地表近くの側根からは細い根が出て、菌根になっているが、それは深さ一〇センチまでに集中している。腐りかかった落ち葉には菌根や根が張り付き、直接養分をとっているように見える。

上の数値からもわかるように、フタバガキでは地上部が大きいわりに根が少なく、根系も狭いといえそうである。おそらく、熱帯雨林に生える他の樹種も似たような性質を持っているのだろう。時に、ひっくり返っている木の根を見ると、地上部は堂々としているが、根が浅く、根系が貧弱なのに意外な思いをすることがあった。

このほか、フタバガキの天然更新や植生の回復過程など、植林の基礎になるデータがインドネシア側のスタッフとの共同調査で九年間積み上げられていった。根気のいる地味な仕事だが、熱帯雨林再生のためには欠くことのできない資料である。

混植の効果

まったくの裸地に、いきなりフタバガキを植えるという例はほとんどない。マレーシアでは日陰が必要だというので、苗に籠をかぶせたり、伐った木の枝を挿したりした例もあったが、ほとんど失敗した。演習林の樹木園で見たように、強い日差しに耐えるショレア・スミシアーナやショレア・パルビフォリアは、菌根さえしっかりついていれば成長は悪いが、裸地でも結構育つ。反対に菌根がない苗を植えると、間違いなく枯死率が高くなり、アランアランとの競争に負けてほとんど

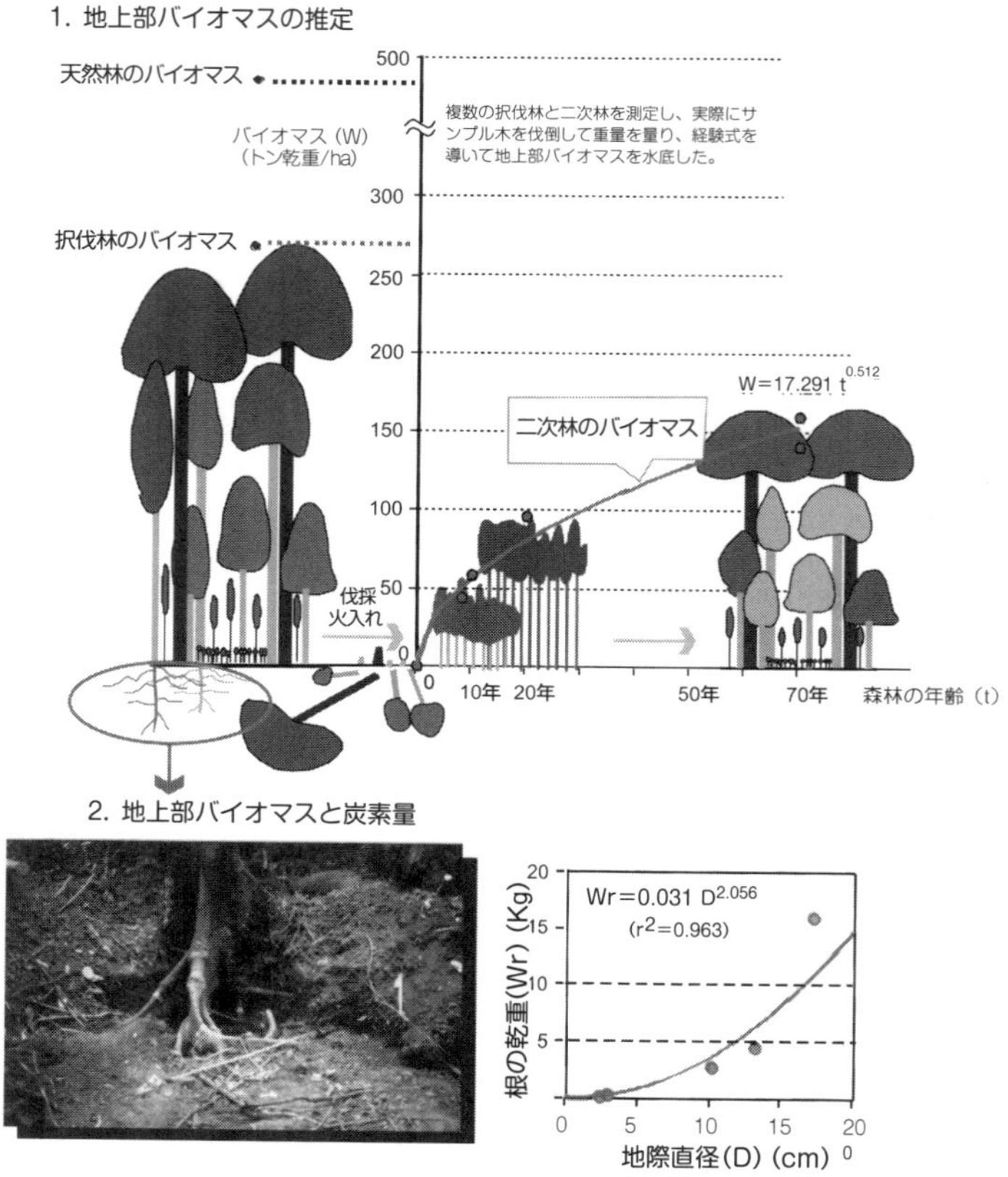

ラワン樹木の根を掘り出して根の重さを量り、直径から根のバイオマスを推定する式を得た。

図6-1　熱帯雨林のバイオマス測定。

消えてしまう。

確実に生存率を上げるためには、早成樹を先に植えて、その間にフタバガキを植えるのが望ましい。なお、フタバガキに先立って植えられる被陰樹のことを先駆樹種ともいう。ここでやってもらった試験はかなり複雑だが、以下の六通りだった[3]。

①　植えた後、先駆樹種を二年ごとに刈り払う。②　トレマやマカランガのような先駆樹種を残して植える。③　八×四メートルの間隔で植えたアカシア・マンギウムの間に植える。④　八×四メートルの間隔で植えたパラセリアンサス・ファルカタナリアの間に植える。⑤　六×三メートルの間隔で植えた四年生のアカシア・マンギウムの下に植える。⑥　二〇年生のゴムノキの下に植える（下生えは日射量を多くするためにほとんど除伐）。

一九九九年、この試験区のすべてにフタバガキの菌根つき苗を二×二メートル間隔で植えた。植栽樹種はショレア・アクミナータ、ショレア・レプロスラ、ショレア・マクロプテラの三種である。どのフタバガキの成長も、低灌木のトレマを残した区②で速く、ショレア・レプロスラが最もよく成長した。これは裸地に天然更新した先駆樹種の被陰効果のためと思われた。一方、幹の太りは下刈りを続けた区①で大きくなった。

アカシアと混植した区③でのショレア・レプロスラの成長がことのほか良好で、植栽四年後には平均樹高が八・七メートル、胸高直径が八・八センチになり、最大のものは樹高一〇メートルを超えた。ところが、ショレア・アクミナータの成長はアカシアなどの先駆樹種の下で抑えられた。このように、樹種によって被陰に対する反応が異なるが、単に光だけの問題かどうか、詳しいことはわからない。

④ではシカがパラセリアンサスの苗を食べたため、立木本数が少なく、そのためフタバガキの成長は下刈りをした場合とほとんど変わらなかった。四年生のアカシアの下⑤は薄暗く、相対照度が一〇―一四パーセントだったため、フタバガキの成長は悪かった。このような場合はアカシアを間伐するほうがよい。ゴムノキの下⑥に植えた場合は、相対照度が二〇パーセントあるのに成長が悪く、ショレア・マクロプテラだけが比較的よく成長した。おそらく、ゴムノキが出す何らかの物質がフタバガキの成長を抑えるのだろう。

当時、同様の混植試験が、マレーシアのイポーで国際協力事業団の実証事業、「複層林プロジェクト」の中で行われていた。私は苗の作り方と菌根形成状態を見るため、三年間このプロジェクトに短期専門家として加わった。[5] リーダーは林野庁から出向していた佐古田さんで、炭や菌根に興味があり、大変お世話になった。

ここは錫鉱山の跡地で、石英砂が多く、全体に土壌条件は悪い。ひどいところは何も生えないが、水条件がよければ塩類耐性のあるモクマオウが育つ。この事業はアカシア・マンギウムを植え、その間にフタバガキを混植し、パルプ用にアカシアを伐採した後、フタバガキ林にするという実証事業だった。アカシアの単純一斉林を数代続けると、土壌劣化の恐れがあるので、性質の異なる二種類の木を植えて、できるだけ自然植生に近づけようという計画である。

ここでは、二メートル間隔で植えられた三年生のアカシアを帯状に伐採し、その間にショレアを植えていた。伐採帯の幅は三段階、四、八、一二メートルである。数種類のフタバガキが植えられたが、成長が速いのはやはりショレア・レプロスラだった。面白いことに、フタバガキの成長は伐採帯の幅に反比例していた。フタバガキの成長は四メートル幅で最大になり、幅が広くなるにつれて光の量が多すぎるのか、成長が悪くなっていた。ただし、アカシアに近いところでは成長がよいので、日陰のせいか、土壌に窒素が蓄積されるためか判断しがたい。

調査中に、幹が傷ついて腐朽菌が出ているフタバガキを見つけた。すわ、病気発生かと思ったが、どうもおかしい。一定の高さのところにかすり傷があり、樹皮がむけている。これは水牛が体をこすりつけてできた傷だった。フタバガキの幹はアカシアに比べて滑らかなので、気持ちがいいのだろう。インドネシアでは植えた木の芽や葉をシカが食べ、ここでは水牛が問題だった。

択伐林の修復

演習林の中には、木材会社が伐採した広大な択伐林があるので、沖森さんとスリヨさんたちはこれを修復してフタバガキ林に戻す試験を始めた。以下は沖森さんたちの仕事の紹介である。[2]

劣化した天然林の修復方法には二通りの方法がある。一つは残っている稚樹や細い木を成長させながら、種子からの更新を促す方法である。もう一つは、エンリッチメントというやり方で、足りない分を補植する方法である。実際にはかなり荒らされているので、後者の場合が多い。

苗を植える空間を作るには、植生の一部を除伐したり（局所除伐）、人為的にギャップを作ったりする。このやり方は、天然林で大きな木が倒れた跡に稚樹が更新する状態を真似たものである。

沖森さんたちは一〇〇から一六〇〇平方メートルの複数の試験区を設けて、その中にあるフタバガキ以外の木を伐り払い、その効果を測定した。一〇〇平方メートル当たり五〇〇から一五〇〇本ほど残っていたフタバガキの中から、胸高直径五センチ以上の稚樹を選んで、成長量を測ってみた。除伐しなかった区（放置区）では年平均樹高成長が一四・〇センチだったのに比べて、伐り払った区では三四センチになり、幹の太り方も前者で年〇・九ミリ、後者で四・四ミリになった。

伐り払う前の林内照度は一―五パーセントだったが、伐開後には一〇―二〇パーセントとかなり明るくなった。ただし、暗いところで育っていた樹高数メートル以上の木は幹が細いため、近くの木がなくなると支えを失って傾いてしまったという。沖森さんは報告書[2]に「明らかに伐開区での成長がよいのは、光条件の変化と隣接樹との競合が減少したためだろう」と書いている。

このデータをもとにして、択伐林の中にギャップとベルト状の伐開区を作ってフタバガキの苗を植えることにした。ギャップの大きさは小ギャップ（一〇〇平方メートル）、中ギャップ（四〇〇平方メートル、大ギャップ（一六〇〇平方メートル）の三段階である。一方、まっすぐ帯状に伐採した試験区の幅は五メートルと一〇メートルの二段階とした。これを三回繰り返して試験するのだから重労働である。出来上がったこの空き地にフタバガキの苗木を一×一メートルと二×二メートルの間隔で密植した。ギャップの場合は光の入り方が比較的均一になるが、ベルト状に伐開した場合は、周囲の木の茂り方によって光の条件が大きく異なる。
六年間成長量を測定したところ、小ギャップでは平均樹高が三〇二センチ、中ギャップで三四二センチ、大ギャップで二三五センチとなり、相対照度一五パーセント程度の中ギャップで最もよく成長していた。やはりフタバガキは少し薄暗いところが好きらしく、どこでも光の入り方が重要な

ラワンの成長には適度な被陰が必要なため、早く育つアカシアを一緒に植えたり、在来種の灌木を残して利用したりして、その効果を試験した。

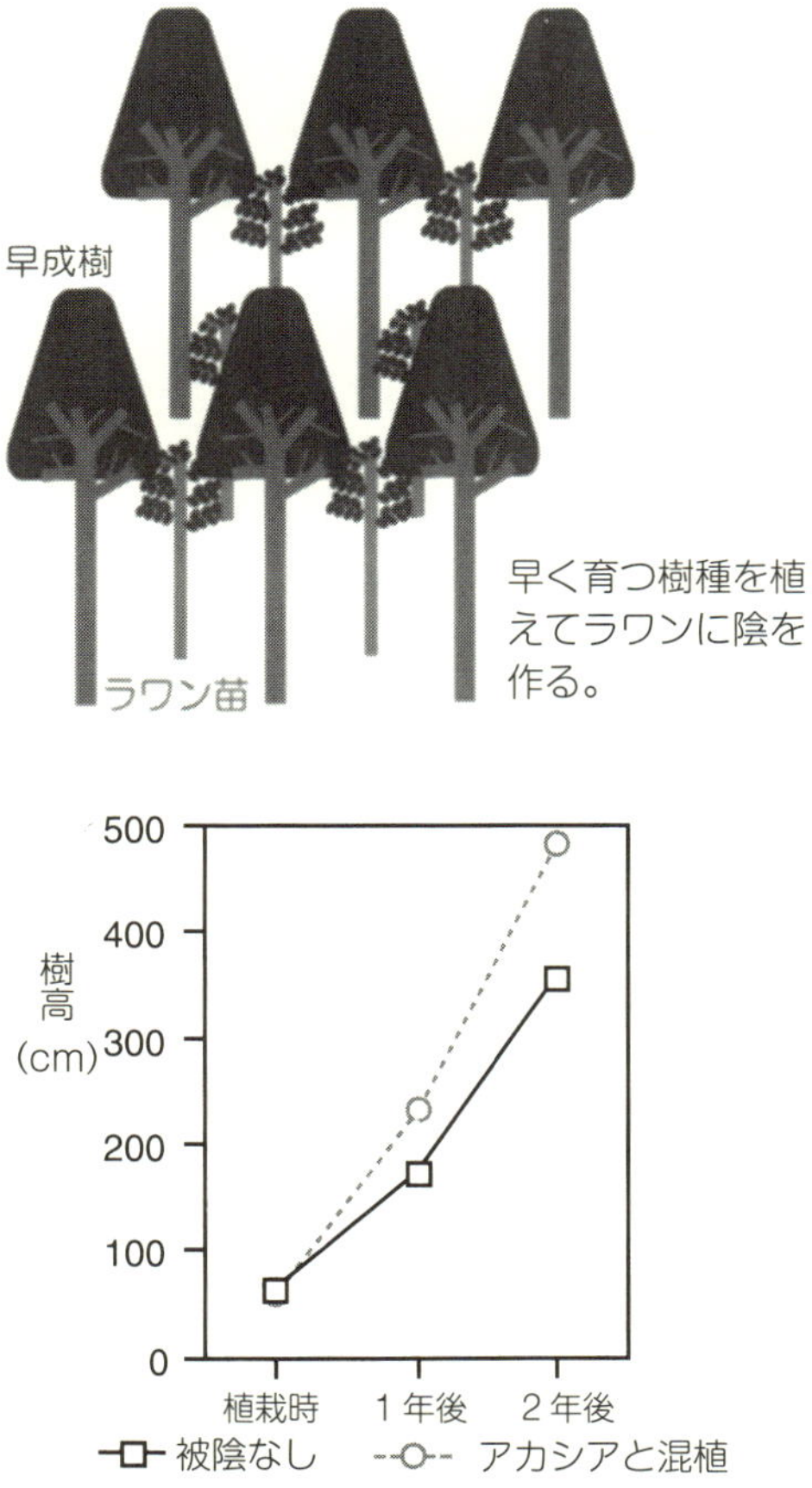

アカシアとの混植で適度な日陰ができてラワン苗の成長がよくなった。

図6-2

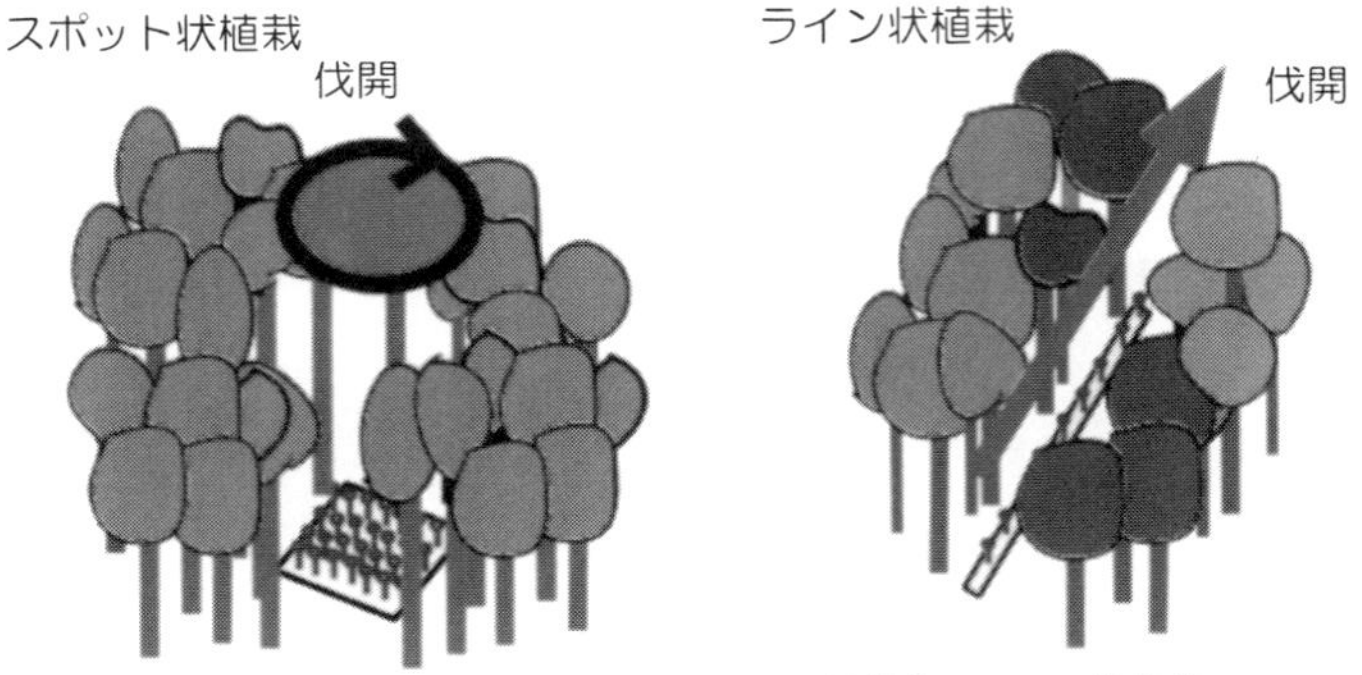

図6-3　択伐林に植える方法。スポット状植栽とライン状植栽。

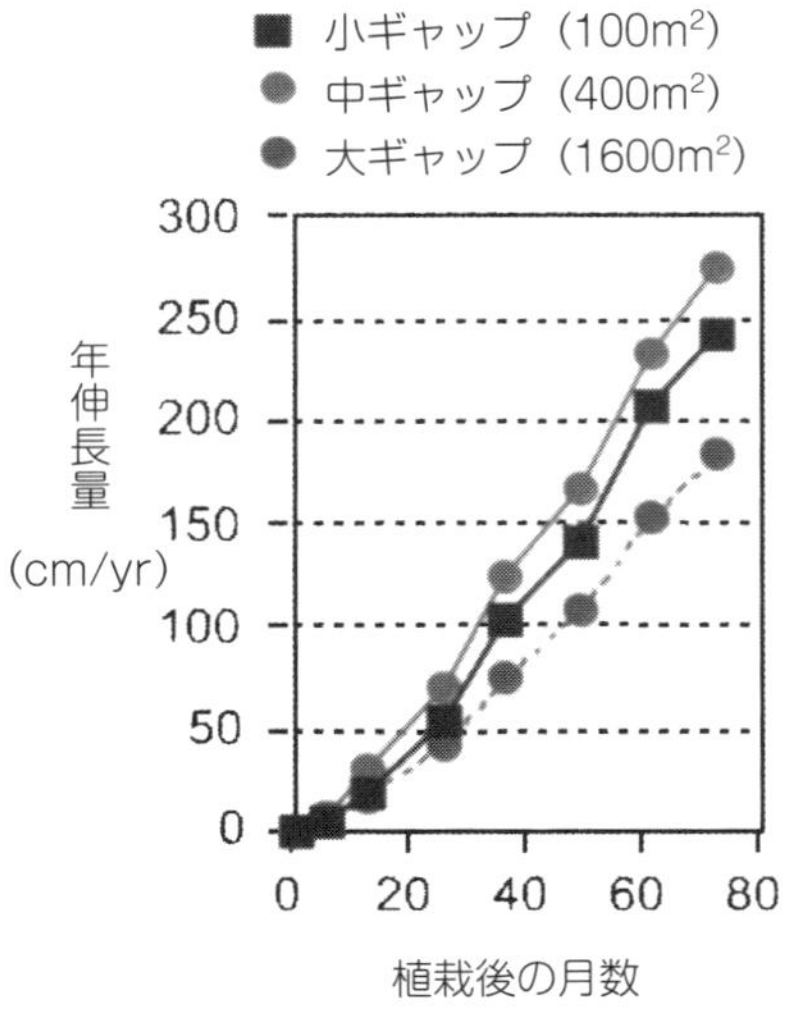

ギャップが大きいと強光や灌木との競争に負けて成長が悪くなる。中ぐらいのギャップがほどよい環境で、成長が良好。

図6-4

成長要因になっている。

小ギャップの場合は、周辺の植物が育つので、速く暗くなり、すぐギャップを作ったかどうかわからなくなってしまった。大ギャップのほうは、皆伐したのと同じように明るくなり、毎年下刈りをしないとシダや成長の速い木が繁茂し、せっかく植えた苗木が覆われてしまった。一方、中ギャップでは光が不足するために、フタバガキが徒長気味になるが、下草や木の成長が抑えられるので、比較的管理も楽だったという。とにかく、熱帯では下草の成長が速いので、植えたフタバガキを探すのも容易ではない。

今のところ、荒廃した熱帯雨林を再生させようと思うと、このような方法しかない。ただし、これでは事業として問題が多すぎる。まず、除伐して稚樹を残したり、ギャップを作って苗を植えたりする場合、働く人たちがフタバガキを判別しなければならない。大きな木の特徴は心得ているが、稚樹は知らないので、どんどん切ってしまう。特に下刈りのときに切られてしまうことが多いという。

明るいところでは、せっかく育った若木につる性植物が巻きついて先端が傷つけられる。下から脇芽が出て、また成長するが、仕切り直しである。明るすぎると伸びず、下草に負けてしまう。

帯状に伐開した場合は、植えた位置がわかりやすいが、ギャップの場合は苗を探すのに骨が折れる。こうなると、作業効率が下がり、労賃が高くなってコストがかかり、企業が敬遠したくなるのも当然かもしれない。

沖森さんや菊池さんたちは一〇年近くの間に、裸地や二次林、択伐跡地など、八〇ヘクタールに八万八〇〇〇本の木を試験的に植えた。よく育つショレア・レプロスラなどは樹高一〇メートルを超えるほどに育ったが、中には消えてしまったものも多い。木は植えっぱなしでは育たないので、大きくなるまで下刈りを繰り返し、ツル伐りをし、枯れたものは捕植しなければならない。植えた後には、いわゆる保育管理の仕事が待っているのである。

イノシシ、シカ、サル、ヤギや水牛などの獣害もひどく、試験地が全滅したこともある。特にイノシシはイスラム教国のインドネシアやマレーシアでは狩猟の対象にならないので、わがもの顔にふるまっている。おまけに、周辺住民の火入れや盗伐で植林地が荒らされることも多い。沖森さんは「日本の植林現場では当たり前のことだが、植林技術は苗木の生産や植栽方法だけでなく、その後の保育管理の全体にわたって体系的でなければならないことを痛感した」と述懐している。

バブルのころ、熱帯雨林再生の掛け声が勇ましく響いていたが、はじけると、見る見るうちにしぼんでいった。所詮、環境が経済に優先することはありえないと、投げ出したくなるが、それでいいのだろうか。自然を破壊して利益を得るのはたやすいが、それをもとに戻すのは並大抵のことではない。失った森林を再生させるには、見返りを期待しない奉仕の心以外、頼れるものはないと覚悟すべきだろう。私たちの仕事は、ボブ・ハッサンが言った「食える森」づくりにはならないかもしれないが、人が生き残るためには役立つはずである。

植林と炭で炭素隔離を

熱帯雨林を再生させる方法は、何とか出来上がったが、これを地球温暖化対策、すなわち気候変動緩和策にどのように結びつければよいのか、それが次の課題だった。二酸化炭素の排出にかかわりのある電力会社としては、より具体的に炭素排出権取引につなげたいという期待がある。それにこたえるには、産業を取り込む以外に手がない。そこで、多少の無理を承知の上で方針転換し、丸紅関係の人の紹介でインドネシアの林業会社と日本の資本が入っている製紙会社を相手に交渉することに決めた。

パートナーに選んだのは、政府系の林業会社、ムシフタンペルサダ社と丸紅が資本提携しているスマトラのパレンバンにある製紙会社である。前者はスマトラの中央部に三〇万ヘクタールの土地を保有し、そのうち一九万ヘクタールをアカシア・マンギウムの植林地に当てている。アカシアの植林は十数年前から始まっており、当時、すでに伐採が始まっていた。ここで伐採した木材を二〇キロほど離れた製紙会社に運び、パルプを生産するシステムである。この二社に対して、廃材を炭にして農地や植林地へ還元することによって、将来炭素排出権が得られるようになると説得した。

沖森さんと何度も足を運んで現場を見せてもらい、先方の責任者と会って相談し、経費負担がないことを条件に、何とか可能性調査（フィージビリティースタディ）[6]をやらせてもらえるようになった。契約を取り交わしたのは、交渉を始めてから二年後のことだった。

アカシア・マンギウムは北オーストラリア原産のマメ科樹木で成長が早く、窒素固定ができる根粒をつけるため、土壌の痩せたところでも育つことができる。乾燥した原産地では比較的小さいが、雨の多い東南アジアへ持ってくると驚くほどよく育つ。三年もすると樹高八メートル、胸高直径一五センチを超えるほどになる。おまけに、大量に種子を作るので、苗づくりが容易で、フタバガキとは比べ物にならない。旺盛な繁殖力のために生態系を乱すという理由で大規模植林に反対する声もあるが、今のところ経済優先で、企業側が押し切っている。

アカシアの植林地へ入ると、その広さに圧倒される。どこまで行っても単純一斉林が延々と続き、樹齢の異なる林分がつながっている。道路沿いには天然下種更新した若木が雑草のように生えている。これでは嫌がられるのも当然である。

ここでは八年から一〇年ごとに、年一万へクタールずつ伐採し、その跡を焼き払って、また苗を植える。これを何度か繰り返すと、間違いなく土壌が劣化する。「将来はどうするのか」と聞いたら、「スマトラは広いので、よそへ移る」という返事が返ってきた。

伐採現場に近づくと、伐った側面にはマッチ棒を立てたように、細いアカシアの幹が並び、まるでモヒカン刈りの頭のように見える。チェーンソーで伐り倒した後、人手で切断し、集材機で集めて道路へ出す。これを大型トレーラーに積んでパルプ工場まで運ぶ。

伐採跡には幹の先端や枝が大量に捨てられているので、これをまず炭にしようと提案した。ここで働く人たちに副業を与えることも重要な課題の一つ。簡単な方法で残材を炭化し、商品にしたり、自分たちの畑で使ったりすることにした。そのため、知り合いの久慈文化燃料、関則明さんに何度か出向いてもらい、現地の人にドラム缶や簡易釜による炭化法を教えてもらった。

炭ができ始めると、沖森さんが原材料と炭の重さを量り、炭化によって発生する二酸化炭素量や炭化に要する時間、作業員の人件費などをすべて割り出して計算する。さらに、得られた炭が土壌改良にどれほど使われるか推定して、コスト計算を繰り返した。

一方、パルプ工場へ運ばれた木材は、ガランガランとひどい騒音を出すドラム型の皮むき機で樹皮をはがされ、破砕機でチップに変わる。これがベルトコンベヤーでパルプ製造工場に送られ、化学反応でセルロースとリグニンに分離される。リグニンが主成分の黒液は燃料として発電に使われ、他はスラッジとして廃棄される。

木材のうち、パルプになるのはおよそ四〇パーセントで、残りは廃棄されるそうだから、紙というのはもったいない製品である。おまけに、アカシア・マンギウムのパルプは質が悪いので、大半はヨーロッパ市場に輸出され、日本ではティッシュペーパーの原料にしかならないという話だった。私たちはパルプ製造工程で出てくる樹皮、端材、チップダストなどの廃物を炭化して、農業用や水の浄化用に販売したり、アカシアの植林地へ散布して土壌劣化の防止に役立てたりしようという考えだった。これは一種の産業的「地産地消」または「地廃地活」運動である。

具体的な数値を出すために、パルプ工場でも炭化炉を作って炭を作ってみようということになった。主な材料が樹皮や木片になるため、平炉が適している。平炉は活性炭原料の素灰を作るための炉である。今も、チップやオガ屑の炭化に使われているが、国内では煙や臭いが出るので、嫌われて操業停止するところが増えている。

さっそく、活性炭に詳しい須貝さんに設計図を書いてもらい、沖森さんがパルプ工場の近くに小さな炭化工場を建設した。ところが、雨が降ると水がたまって燃えなかったり、煙の出方が悪かったりと、トラブル続きで苦労したという。おまけに、ここで沖森さんはデング熱にかかり、一時は周囲のみんなが青くなるほどの容態に陥った。熱帯では炭焼きも、命がけの仕事になりかねない。

ここで作った炭の粉を地元の農家の畑にまいて、トウモロコシやインゲンマメ、ラッカセイなどを栽培する試験を行った。この担当は大和さんで、試験が終わった後の土壌分析は、現地の農業試験場に依頼した。結果は上々。きわめて説得力のある成果が得られた。痩せた熱帯の酸性土壌では炭の効果が出やすく、少量の肥料と炭の粉で化学肥料を十分やったのと同程度の収量が得られた。[7]また、アカシアの根元にアカシア・マンギウムの樹皮の炭を敷き詰めると、根が増えて根粒の形成が盛んになった。[4]

これらの試験結果に基づいて、植林と炭を組み合わせて、どれほどの炭素が長期間貯留されるかという数値を沖森さんたちがはじき出して、論文にして発表した。[6]これが世界の目にとまったというわけである。報告の内容については、別の機会に改めて紹介することにしたい。

7　広がる塩湖とユーカリ

ユーカリ植林地へ

一九九八年夏、豊田市にあるトヨタのバイオ研究所を訪れた。バイテクで開発したユーカリの新品種を、オーストラリアに植えてみたいという話だった。オーストラリアは遺伝子組み換え作物の栽培を禁止していたので、難しいと思ったが、植林事情の調査だけということで、お付き合いすることにした。

同年一〇月二五日、関空から香港経由で西オーストラリア州のパースに向かった。トヨタからは高橋さんと島田さんが同行することになった。深夜に到着して、すぐホテルに入って仮眠。翌日は朝から晴れて、半袖で十分の暑さだった。九時から実際に西オーストラリアで植林事業をしている日本製紙や三井物産の人たちと話し、一〇時過ぎから久しぶりにニコラス・マラチャックさんに会った。パースの植物園を案内してもらったが、まずユーカリの種類の多さに驚いた。

午後は州政府の研究機関で組織培養や育種の実験を見せてもらい、ランドクルーザーに乗って南

図7−1　セスナ機から見下ろすと、白い円盤状の塩湖が連なっている。西オーストラリア内陸部。

のバンベリーへ向かった。西オーストラリアはどこまで行っても平らで、乾ききっている。道路の切り通しを見ると、砂や粘土、砂利の層が並行してどこまでも続いている。海岸沿いは住宅地や耕地になり、期待したユーカリの天然林は見られない。

翌日は朝から植林地を四カ所回ることになっていた。バンベリーのホテルから二時間かけて内陸に向かい、放棄された放牧地にあるユーカリの植林地を見る。最初に訪れたのは、一九九七年五月に植えたところで、樹種はパルプ用になるブルーガム（ユーカリプトゥス・グランディス）だった。この木はタスマニア原産でオーストラリアにとっては外来樹種であるため、評判が悪い。成長が速く、幹がまっすぐ伸びて密植できるので生産性が高く、産業植林には適している。ユーカリの中でも用材になる木は決まっていて、ジャラやカリー、サリ、ワングンなどが珍重されており、それぞれ家具材や建築用材になっている。

植林面積は二〇〇〇ヘクタールだったが、通常、企業がパルプ用材をとるために植林する面積は、一万ヘクタール以上だという。一万ヘクタールというのは腕をいっぱいに広げて、両手の先から先へ半円形を描いて目に入るほどの面積である。

　岩や石の少ない牧場の跡地に、機械を使って四メートル間隔、高さ六〇センチ、幅一メートルの畝を立てる。その上に三メートル間隔で、苗丈二〇センチのポット苗を機械植えする。植えてから二年もたたないのに樹高はすでに四メートルに達し、枝が触れ合うほどに茂っていた。ブルーガムの成長は熱帯の早成樹種並の速さである。

　根元を掘ってみると、特に接種したわけでもないのに、どこでも外生菌根が見られた。マラチャックさんたちは菌根を接種した苗を植えるべきだというが、そんなことをしなくとも、水さえあれば十分育つというのが林業家の見解である。

　次に植えてから二年目、樹齢三年生の植林地へ行くと、樹高はすでに七メートルを超え、胸高直径は七センチから、太いものでは一〇センチにもなっていた。コツブタケがたくさん出ていて、菌根の形成状態はすこぶる良好。

　もっとも、オーストラリアのコツブタケは日本や中国のものと形態がかなり異なっている。マラチャックさんによると、今、分類を再検討しているとのことだった。形や色

図７−２　塩害で耕作できなくなった放棄地。草も枯れる。

から判別すると、キツネタケ、ニセショウロ、フウセンタケなどの菌根もできていた。土は砂礫質で透水性がよく、菌根ができやすいのだろう。

林縁の木は成長不良だが、中へ入るとよく茂っている。ただし、立ち枯れ木も目立つ。案内の人によると、衰弱が進むと葉の色が赤く色づき、二年ほどで枯れるという。死んだ木の幹を削ってみると、完全に腐っており、太い根でも腐朽が進んでいた。根元にキクイムシが入った形跡があったが、これは後から来たものだろう。地上部が枯れて萌芽している木もあるので、根の障害だけともいえない。

次に韓国の製紙会社が植えた三年目の植林地へ行ったが、立ち枯れがさらに広がっていた。枯れは岩盤が高く、土壌が浅い斜面上部に多く、湿ったところでは少ない。集団で枯れており、内部ほど多い。土壌伝染性の病害か乾燥害のように思えたが、当時はオーストラリアでも原因不明とされていた。後で気づいたことだが、最近各地で流行っているピシウム・シンナモミによる立ち枯れ病かもしれない。

一九九七年と一九九八年にかなり枯れたが、この年は止まったという。タスマニアよりも乾燥するので、旱魃の影響もあるのだろう。ひどいところは三割がた枯れていたので、事業としては失敗である。

植林を始める前に地形や地質、土壌などをよく調べておかないと、思わぬ失敗をすることがあるが、その点で、ここはお手本のようだった。この地域の表層土壌は砂質または礫質壊土だが、円礫を含んだものが多い。花崗岩や砂岩、礫岩、粘板岩などが露出している地域もある。

ユーカリは乾燥に強く、一般に根が深く入るが、岩盤に当たると直根が伸びず、地表を這うため、水切れを起こすことがある。マラチャックさんによると、植えた苗の根は土がよければ、三カ月で三〇から六〇センチ、一年で二、三メートルは伸びるが、菌根がつかないと、根の量は少なく、枯れやすいという。

どこでも、ニセショウロ属やコツブタケ属のキノコが出ていたので、耐乾性を支える菌根菌の役割も大きいのだろう。ユーカリは外生菌根だけでなく、アーバスキュラー菌根も作るとされているが、調べてみると、確かに細胞の中に菌糸が入っていた。北半球の植物では外生と内生、二種類の菌根菌が同時に入るという例はほとんどない。

四番目に訪れたのは、伐採直前の植林地で八年生だった。樹高は一一から一二メートル、胸高直径は二〇センチ前後とそろっている。八―一〇年で成長が止まり、葉も少なくなる。下枝が枯れ上がり、幹がまっすぐ立つので、機械で収穫するのに適している。切り株から萌芽更新しやすいので、植える必要がないと思っていたら、人手で芽をとっていたのでは非能率だという。除草剤で枯らし、しばらくしたら苗を植えるのが一般的である。

この木は一九七〇年代以降、オーストラリア全土に植えられており、肥料をやると速く成長する。ところが、材がやわらかいため、ナラタケの類やキクイムシなどにやられる場合が多く、タスマニアの研究所では以前から病害虫防除の研究が行われていた。

アレロパシーのせいか、林内にはまったく下生えがない。おそらくユーカリが何か忌避物質を出しているのだろう。表層土壌は腐植が混じって、一〇センチほど黒くなっているが、とても肥沃とはいえない。腐った根から出るアズマタケと菌根菌のニセショウロの類が少し出ていたが、菌根はほとんど見えなかった。この状態から推して、ブルーガムを大面積植林すると、在来の植生や生物相が完全に破壊されてしまうのは明らかである。天然林を伐採するのよりはましかもしれないが、いずれにしても自然破壊であることに変わりはない。

収穫現場では、大きいハサミのような機械で根元から伐り倒し、自動的に枝や樹皮をきれいにはぎ取っている。これを大型のチッパーに入れてチップにし、トラックに積んでバンベリーの港へ運んでいた。伐採跡には大量の残渣が残り、腐りにくいので火災が心配だという。炭にして土壌に戻すほうが望ましいと思うのだが、まだ実行されていない。

すべて採算が優先するので、ポット苗の生産から植え付け、伐採、収穫、整地に至るまで、全工程が機械化されている。人出で作業しているインドネシアやマレーシアに比べると、はるかに効率的である。これを見ていると、日本の製紙会社が安い原料を海外から輸入したくなるのも、当然かもしれない。

製紙会社によると、植林木を使うパルプ生産は、環境に優しい事業だというが、本当にそうだろうか。八年で伐採を繰り返すと、その都度大量の木材を持ち出すのだから、当然土地が痩せる。生産性を維持できるのかと聞いたら、ここでも成長が落ちたら別の場所に移るという話だった。当時は、日本の製紙会社がパルプ用の産業植林を環境植林と称して、他の企業に勧める動きが盛んだった。最近はどうやら衣の下の鎧が見えて、あまり問題にされなくなったようである。

人のつながり

ニコラス・マラチャックさんとは三〇代からの付き合いである。一九八三年、国際菌学会で菌根のシンポジウムを受け持つことになったので、スピーカーを探していた。アメリカ北西部林業科学研究所のジム・トラッピさんに尋ねると、オーストラリアの国立研究機関（ＣＳＩＲＯ）にいるニックがいいだろうと教えてくれた。トラッピさんは一九七二年にオレゴン州立大学で働いていたとき、アーバスキュラー菌根の手ほどきをしてくれた人である。さっそくマラチャックさんに連絡したが、仕事の都合で参加できないという返事だった。後で聞いたら、まだ駆け出しで、講演するのは荷が重すぎると思ったとのこと。以来、よく付き合ってきたが、大変親切で謙虚な人である。その名前からもわかるように、ポーランド系ユダヤ人で、第二次世界大戦前の移民だそうである。

トヨタの人とオーストラリアを訪れた翌年、また沖森さんとオーストラリアへ行くことになった。というのは、これまで温暖化対策の一環として、インドネシアやマレーシアで「植林と炭による炭素隔離」事業の可能性調査をやってきたが、なかなか実行に移せなかったからである。そこで、先進国のオーストラリアを相手に、できるかどうか調査してみようということになった。

マラチャックさんの案内で産業植林地を訪れたのち、フリマントルへ向かった。ここは、かつて流刑囚が建てたという石造建築物の多い町だが、海に面していて、今は快適な保養地になっている。この石造りの建物で、初めてシド・シャイさんに会った。以前、私がマラチャックさんに炭を使った環境植林プロジェクトのことを話していたので、紹介してくれたのである。

「ハイ」と言いながら入ってきた人は、見るからに生粋のアイルランド人。いかつい赤い顔に赤毛、ずんぐりした精力的な風貌だった。マラチャックさんとは子供のころからの知り合いで、近所に住んでいたそうである。ついこの間まで、州政府の土地保全管理局長だったが、現在はノートルダム大学の教授である。先妻と若い後妻さんとの間に六人の子供がいて、下の子はまだ小学生だった。もちろんカソリックである。

退職後は実際に役立つプロジェクトを進めようとして、農家と共同でオイルマリーカンパニーを作る計画を立てている最中だった。図表を見せて熱心に説明してくれるのだが、いかんせんアイルランド訛りがきつく、ほとんどわからない。マラチャックさんの助けでわかったが、環境植林を狙っているので、電力会社など、日本企業の投資を期待しているという話だった。

西オーストラリアへアイルランドや東欧から移民がやってきた歴史は新しい。十九世紀の末から二十世紀にかけて、ヨーロッパの動乱を逃れた人たちが次第に内陸に移り住むようになった。そこで乾燥地にあるユーカリの疎林を伐採して開墾し、コムギ栽培とヒツジの飼育を始めた。シャイさんの祖父たちも、人力で根を掘り起こし、鋤で土地を耕したそうである。人の力は大変なもので、広大な乾燥林地帯が、いつの間にか見渡す限り、すっかり放牧地やコムギ畑に変わってしまった。

西オーストラリアの農業問題について、まくし立てている彼の話の腰を折るようだったが、私のほうから植林と炭で炭素の封じ込めを図り、温暖化対策につなげたいという話をしてみた。ついでに、炭の農業利用について書いた記事が出ている英文の普及紙『ファーミングジャパン』[1]を渡したら、わき目も振らずに読み出した。これが関西電力とオーストラリアが組んで、環境植林事業をすることになったきっかけである。

その後、シャイさんが私たちを西オーストラリア州立農業試験場のポール・ブラックウェルさんに紹介し、炭の使い方を研究してもらうことになった。[2]この人が実験を繰り返し、炭がコムギ栽培に有効なことを証明してくれたのだが、いつの間にかシャイさんと仲たがいしてしまった。アメリカで宗教、民族、貧富の差について語るのはタブーだと教えられたが、オーストラリアにも同じような問題があるらしく、人間関係は複雑である。

二〇〇三年にフリマントルを訪れたとき、シャイさんがアメリカの研究者を紹介するというので、夕食会に出かけた。その席にいたのが、アメリカ合衆国農務省、農業試験場の土壌有機物の専門家、ライコスキーさんだった。彼は農地から二酸化炭素が発生しないように、不耕起栽培を奨励している研究者だった。西オーストラリアでは、この方法が普及しているので、意見交換のためにオーストラリアを訪れたとのことだった。

隣り合って座ったので、話題はすぐ炭のことになった。私のほうから炭には土壌改良効果があり、共生微生物の活性を高め、収量が増加するという例をかいつまんで説明した。さらに、これが炭素の封じ込めにつながり、温暖化対策になると言ったとたん、身を乗り出してきた。それからは料理もワインもそっちのけで、質問攻めになってしまった。

彼はアメリカに帰るとすぐ、当時炭の効用を説き始めていた「テラプレタ」の研究グループにこのことを伝えたらしい。そのおかげで、私たちは二〇〇四年にアメリカのジョージア大学で開かれた「バイオチャー」の初めての集まりに招かれることになった。この会を主催していたのが、コーネル大学の准教授で現在国際バイオチャー普及会（ＩＢＩ）会長のヨハネス・レーマンさんである。私と沖森さんが、この集会で日本の研究例を紹介して印刷物も配布したが、その後彼は数多くの論文を書き、すっかり有名人になってしまった。これが生き馬の目を抜くアメリカ流である。

世界中どこへ行っても、いつの間にか人のつながりができて、共通の意識を持つ人たちが集まり、仕事の輪が広がっていく。特に、農林業のように直接大きな利益に結びつかない分野では、昔から国際交流が盛んで、研究者もおおらかに情報交換してきた。土台、人類の生命にかかわる食糧問題にパテントや独占権を持ち込むのは、間違っていると思うのだが、今や研究者までが利益追求に狂奔している。アメリカ主導の市場主義と金権主義が世界を席巻して以来、いかんせん、世の中すべて金まみれになってしまったようである。

大規模農業と塩湖

農家といっても、オーストラリアのそれは桁が違う。一軒が所有する農場の面積は平均二〇〇〇ヘクタール、大きいのは四〇〇〇から一万ヘクタールにもなる。日本の農家が持っている面積は、せいぜい数ヘクタールだから、比較にならない。彼らにいわせれば、ファーミングどころか、ガーデニング（園芸）程度である。大土地所有者は東海岸や西オーストラリアの都市部に住んで、実際の仕事は現地の農家に任せている例が多い。したがって、農家というより、むしろ農場経営者といったほうが当たっているかもしれない。だから、オイルマリーカンパニーにも投資できるというわけである。

西オーストラリアのコムギ作地帯では、年間降水量が三〇〇から五〇〇ミリしかないので、蒸散を抑えるために土地を耕さない、いわゆる不耕起栽培が一般的である。同時に、耕さないので土壌中に酸素が入らず、有機物が分解されないので二酸化炭素放出量も増えないという。

ゆるい起伏のある広い農地に、さしわたし二〇メートルの巨大なプラウを入れて、施肥と播種を一度にやってしまう。プラウに取り付けられた大きな爪が、硬い土に三〇センチ間隔で溝を切る。その後ろについているノズルから、肥料と種子がポロポロと落ちて、自動的に土がかけられていく。機械の操作は一人。バックグラウンドミュージックを聞きながら、のんびりと作業をこなしている。

これでは、日本の農業をいかに大規模化しても、太刀打ちならない。とはいえ、そのやり方は化学肥料と農薬に依存した粗放栽培に近い。集約農業に切り替えて、せめて日本の収量程度にしてくれれば、栽培面積を減らし、森林面積を増やしてもらえるのだが。

乾燥地のために雑草は少ないが、それでも除草剤を散布する。そのため、コムギを収穫した後は土がむき出しになり、砂が飛ぶので、黄砂と同じように砂嵐が起こる。さらに、集中豪雨が多くなってきたので、土壌侵食も進んでいる。当然、アーバスキュラー菌根菌も消えてしまうので、リン酸肥料と窒素肥料が過剰に必要になる。

その結果、土壌の酸性化が進み、pH四から三台になった耕地が多い。毎年ヘクタール当たり石灰を一、二トン放り込んで中和しているが、表層の土は硬くなる一方で、年々収量が減っている。コムギのヘクタール当たりの収量はフランスの三分の一、ほぼ二・五トンだったが、最近土壌の酸性化が進んで、一・五トンまで落ちたという。[3]

よく知られているように、土壌に硫酸アンモニウムを施すと、陰イオンの硫酸が残り、これが土壌塩基を溶脱させて酸性化の原因になる。また、尿素として与えても、アンモニアは土壌中で硝酸態に変化し、この過程で水素イオンを放出して酸性化を加速する。酸性が強くなると、アルミイオンやマンガンイオンなどが増えて過剰障害で根が傷つき、成長が抑制される。[4] そのため慢性的に収量が低下するというわけである。その上、耕地の中に塩湖ができて耕作面積が減り、三〇年後にはコムギ畑の四割が失われると予想されているので、現地では危機感が強い。

一九〇〇年代に入るまで、西オーストラリアの内陸はマリーユーカリとモクマオウやアカシアが交じる疎林に覆われていた。この地域はもとから地下水位が高く、二、三メートル掘ると水が湧き出すので、灌漑用にも大量の水が使われていた。数十年前までは沼沢地が点在し、魚が獲れて水鳥が集まるきれいなところだったというが、今はその面影もない。さらに悪いことに、所によって地下水の塩分濃度が異常に高く、海水の四倍にもなる。実際、排水溝にたまっている透明な水を掌につけてしばらくすると、塩化ナトリウムの結晶が吹いてくるほどである。

雨季になると、水が地下に浸透して塩水につながり、毛管現象で上がってくる。乾季になると、地表に出た塩類濃度の高い水が乾き、真っ白な塩の結晶になる。この現象を塩性化と呼んでいるが、水位が高い窪地から始まり、次第に丸い塩の湖が広がる。セスナ機から見ると、白い円盤を連ねたように塩湖が並び、夕日に映えると光り輝いてきれいだが、農業にとっては大問題である。

図7−3　灌木状に育つマリーユーカリ。根株が大きく、萌芽再生しやすい在来種。

乾燥地に生える低木の中でも、オイルマリーと呼ばれている低木類の根は深い。そのため、疎林が残されていた間は根が地下水を汲み上げ、水位を低く保っていたので、塩が噴き出すこともなかった。ところが、開墾が進んで木が伐り払われると、この機能が失われて塩が析出し始めた。コムギや牧草の根は浅いので、水分を蒸散させて地下水位を抑えるのには役立たないのである。

初めはちょっと信じられない話だったが、ある日オイルマ

図7−4　マリーユーカリの根系は深く、根の先端が深さ7メートルの地下水まで達し、菌根を作っていた。

リーの根を調査している現場を見せてもらって納得がいった。幅六メートル、深さ一〇メートルほどのトレンチの中へ梯子を伝って入ってみた。根系を露出させた黄色い土の断面を見ると、マリーユーカリの根が地下水のある深さ八メートルまで伸びている。おまけに、その先端にはちゃんと菌根ができていたから、驚きである。おそらく、菌根菌が過剰な塩類の吸収を抑えているのだろう。

一方、コムギの根はせいぜい深さ六〇センチ、とても地下水までは届かない。これでは塩水が上がってくるはずである。ユーカリがなぜ乾燥に強いのか、そのわけは広くて深い根系と菌根の働きにあるということらしい。

ちなみに、ここで作られるコムギは大半サウジアラビアや湾岸諸国に輸出され、石油とバーター取引されている。そのため、コムギが減産すると、中近東の食糧事情が不安定になるばかりでなく、オーストラリアのエネルギー事情も影響を受けかねない。コムギを栽培した後、休耕地にヒツジを放牧して落穂やわらを食べさせ、土地を休ませるのが一般的だが、このヒツジが羊毛だけでなく、食肉としても大切な役割を果たしている。

フリマントルの港でヒツジがメエメエなきながら、タラップを登って船に積まれ、生きたまま輸出されていた。これはユダヤ教やイスラム教では家畜の屠殺方法が定められているので、肉の状態では売ることができないからである。かわいそうに、暑い船の中でかなり死んでしまい、海に放り込まれてサメの餌食になっているそうである。したがって、塩湖の拡大は畜産業にも波及するという次第。

周知のとおり、世界のいたるところで化石燃料を燃やして、あらゆる物資が運ばれ、取引されている。自由貿易は重要な政治課題になるが、それに伴って発生する二酸化炭素を取り上げたフッドマイレージが議論されることはまれである。

図7–5　塩害を防ぐためにベルト状に植えられたユーカリの列。立っているのは沖森泰行さん。

多目的植林事業

ここで、シャイさんが計画・実行している、オイルマリーの多目的植林事業を紹介しておこう。[6] 通常、塩湖は低地にできるが、その周辺数十メートル内には耐塩性の高い草本性の多肉植物やモクマオウ以外、何も育たない。この多肉植物は塩水の水位が高くなったことを表す指標植物で、マングローブの伐採跡や干潟などに生えるアッケシソウに似ている。

したがって、これらの耐塩性植物が生えていない位置から、さらに数十メートル離れたところから植え始める。通常、オイルマリーを植えるベルトは、塩湖を囲む等高線沿いか、直線状で間隔は一〇〇メートル、ベルトの幅は一〇メートルとし、四列に植える。ユーカリの根は一年で三メートル入るので、二年目には地下水を吸い上げ始めるという。このようにして、少しでも水位を下げて耕地を守るのが、このプロジェクトの主目的である。

マリーユーカリには、いくつかの種が含まれているが、いずれも幹が枝分かれした低木で、根株が異常に大きくなる性質がある。そのため、火に焼かれても、刈り取られても、すぐ萌芽成長するので、火災の多い乾燥地でも生き残ることができたとされている。さらに葉や枝に芳香のあるオイルをためるので、これも利用できる。

予備試験の結果を見ると、植栽後四年目で樹高四から五メートル、地上部乾燥重量がヘクタール当たり五二トン、地下部が七トンになっている。これが六年目には樹高が六から八メートル、地上部乾燥重量が一二〇トン、地下部が五〇トンになるのだから、かなりの成長速度である。

このように三年から五年育てて、ハーベスターで根元から刈り取る。これをチッパーで砕き、トレーラーに載せた蒸気抽出機を現場に持ち込んで、その場でユーカリオイルを抽出する。このオイルには芳香があって、香港製のタイガーバームのような軟膏に使えるので、中国へ輸出する計画である。しかし、当時はまだ売り込みに苦労しているという話だった。このユーカリオイルの採取が、事業の二番目の目的である。

初めの計画では、蒸気抽出した搾りかすをチップ化し、電力会社と共同でバイオマス発電に使う予定だった。オーストラリアでは、広い地域に住居が分散しているため、送電ロスが多く、小規模のバイオマス発電や自然エネルギーによる電力供給が望まれている。しかし、モデルプラントを作ってやってみると、小規模でもバイオマス燃料が足りないということになった。しかも、年中絶えず供給されていないと、発電事業は成り立たない。

そこで、私たちから、農業用の炭、いわゆるバイオチャーとして使ったらどうだろうと提案してみた。アルカリ性の強い炭でコムギ畑の酸性土壌を中和し、アーバスキュラー菌根菌を働かせてリン酸吸収を促し、化学肥料や石灰の使用量を減らそうというプランである。多孔質の炭は保水力が高いので、旱魃の年には面白い効果が見られるかもしれない。西オーストラリアではコムギだけでなく、オオムギやエンバク、トウモロコシ、マメ類や果樹などの栽培も盛んだから、うまくすれば新しい農業資材ビジネスがスタートできるというわけである。これが三番目の目的だった。

さらに、ここが肝心のところだが、電力会社の協力を取り付けるには、オイルマリーは地上部で炭素を固定するだけでなく、根株にも炭素がたまることを示さなければならない。また、たとえオイルをとるために定期的に刈り取ったとしても、その廃物を炭にして農地に施せば、それだけ炭素を土に封じ込めることができるので、この事業が長期的に見て炭素固定につながることを証明しなければならない。

　この多目的植林事業は、植林によって農地の破壊を食い止め、植えた木から副産物をとり、その残渣を炭化して農業生産に役立て、ひいては地球環境対策につなげようという、実に野心的なプロジェクトだった。これは一石四鳥か、五鳥になるというので、こちらが心配になるほど、シャイさんたちは大張りきり。とにかく思い付くと、すぐ実行に移すところが偉い。あれよ、あれよという間にオイルマリーカンパニーに人が集まり、企業や農業経営者たちが資本参加した。初めのころは、コムギ畑に囲まれた農家で盛大にバーベキューパーティーをやるほどの勢いだった。

　ここまではよかったが、どう見ても莫大な収益が上がる事業ではない。その後、会社を維持するのもやっとで、毎年スポンサーが変わり、社員が辞めていった。人のことは言えないが、役人研究者上がりが事業を起こそうとするのは、土台無理な話かもしれない。

　もう一つ、炭を作るという難題が出てきた。オイルを蒸気抽出するので、搾りかすはたっぷり水を含んでいる。しかも、砕かれているので、乾きにくい。幸い、空気が乾燥しているので、野外で天日干ししたが、これだけでも大変な作業である。さらに経費がないので、簡単な炭化方法を教えてほしいと言ってきた。

　そこで、杉浦銀治さんから教わった伏せ焼法を伝授した。[7] 六畳間ほどの深い穴を掘って煙突を立てて火を燃やし、オキができたら材料を入れる。火が回ったら鉄板でふたをして、上から土をかけておく。煙の色を見て煙突をふさぐように言っておいたが、誰も経験がないので、タイミングを間違えたらしい。しばらくして、ほとんど灰になってしまったと知らせてきた。

なお、この方法で作った粉炭の性質は、灰分一一・四パーセント、揮発分一五・五、固定炭素七三・一となり、やや灰分が多くなった。そのため、pH一〇・一とアルカリ性が強くなった。[7] 何度か試みたようだが、うまくいかず、暑さもあつし、ついにギブアップ。

図7−6　オイルマリーの枝葉から油を抽出した後、伏せ焼法で搾りかすの炭化を試みたが、失敗。

その後、沖森さんがモキ製作所製の無煙炭化器を持ち込んで、シャイさんたちと一緒に炭を作ろうとしたが、材料が細かすぎて、これも失敗。今は、炭化機を開発してコムギなどのわらや殻を大量に炭化しようと思案中である。

炭焼きといえば、簡単そうに思えるが、実際にやってみるとなかなか難しい。大量に製炭しようとすると、コストがかかりすぎる。現状では、安い原料と使用目的に見合った簡易な方法を見つけることから始めざるを得ないのである。

このままでは、多くの問題を一挙に解決できるはずの素晴らしいプランが頓挫してしまう。そこで、関西電力に環境活動支援の一環として、このプロジェクトに参加してもらうよう頼み込んだ。何度か関西電力環境部の人たちと相談し、現地を見せてもらい、シャイさんも説得に訪れた。ようやく二〇〇一年になって、「ドブに金を捨てるようなものだ」と言われながら、オイルマリーカンパニーとの共同事業を承認してもらった。電力会社にとってはかなりの出費である。契約期間三〇年、植林面積一〇〇〇ヘクタール、二〇〇二年度からのスタートだった。

正式契約となると、不慣れな私たちの手には負えない。双方の弁護士に依頼して、何とか調印にこぎつけたが、思いのほか手間取った。事業が長期にわたるので、火災など、リスクのとらえ方が大きな問題になる。炭素貯留を目的とした環境植林事業は、口で言うほどたやすいものではないのである。初めからスタートまで、私の役割はもっぱら下交渉とお金の心配で、実際の仕事は生物環境研究所の沖森泰行さんと高橋文夫さん、川本邦夫さんたちにやってもらうことになった。

炭素排出権取引を目指して

植林が始まるので、予定地を見るためにパースから南東方向へセスナ機で三五分、内陸にあるナロジンまで飛んだ。眼下には見渡す限り、コムギを収穫した後の乾ききった褐色の大地が広がり、ところどころディスク状の塩湖が光っている。その周りに一定の間隔を置いて、緑色の細い帯が並んでいる。これがオイルマリーカンパニーによって植えられたマリーユーカリの植林地である。

私たちが参加する予定地は、ナロジンという小さな町の周辺に位置している。町といっても、巨大な穀物倉庫と鉄道線路わきに野積みされたコムギの山、役所やちょっとした商店がある程度で、ほとんど人影もない。

農家は広い範囲に散らばっていて、隣家は数キロも離れている。そのため、セスナ機やヘリがタクシーの役目を果たしている。おまけに、毎日晴天続きで気温が四〇℃を超え、紫外線がきついので、皮膚がん注意報がテレビに流れるほどである。さらに、強風が吹くと砂嵐に見舞われることも珍しくない。日本人から見ると、よくこんなところに暮らしていると感心するが、ここでも、やはり過疎化と農業離れが進行中である。

ナロジンでは植林方法を決めるために、一九九三年から植栽試験が行われていた。それによると、マリーユーカリの中でも塩性化した土地に適した種類は少なく、ユーカリプトゥス・プレニシマとユーカリプトゥス・ロクソフレバの二種を推薦していた。

ユーカリの成長量は、土地基盤の状態や土質でも異なるので、植える前に十分土壌調査をしておく必要がある。さらに、塩類濃度の高いところでは根が深く入れず、樹高成長が止まる傾向があることも、よく知られていた。

植え方についても試行錯誤を重ねて、コムギ栽培や放牧と両立するやり方がとられていた。通常、コムギの収穫後にヒツジを追い込んでわらや草を食べさせ、ルーピンなどのマメ類と輪作する。木を植えるベルトの幅は五から一〇メートルだが、これはヒツジが入って木陰で休める程度、列の長さは五〇〇から一〇〇〇メートルだが、これは大型プラウやハーベスターの都合によるという。

ユーカリの植栽は六月から八月の雨季に行い、散水はしないのが普通である。活着率が八〇パーセント以上になるので、ほとんど補植する必要もない。オイルマリーの場合は、三年から五年育てて刈り取るので、一×二、ないし二×二メートル間隔で密植する。伐採すると、切り株から二〇本から四〇本の萌芽枝が出て、一年で一メートル以上伸びる。萌芽枝が多すぎると成長が悪くなるので、半数程度まで間引くことを奨励している。なお、ユーカリの苗も近在の農家が請け負って作っているので、菌根菌の接種も行われていた。

次は、パースからセスナ機に乗って北東へ三五分飛ぶと、カラニーに着く。ここはナロジンと四〇〇キロほど離れていて雨量が少なく、乾燥している。一九四〇年代以降、開拓が始まった地域で大規模農家が多い。私たちが一緒に実験していたスタンレーさんは、四〇〇〇ヘクタールのコムギ畑を家族三人でこなしている自作農家である。

農業が大規模化すると、いやおうなしに化学肥料と農薬、ここでは除草剤を過剰に使うようになる。おまけに、休耕なしの連作が行われるため、土壌浸食が進み、半砂漠化してステップのようになったところが目につく。開拓時期が少し早く始まったナロジンに比べると、土壌劣化がより進んでいるように見えた。

初めのころは、植林によって塩を止める効果を疑問視する向きもあったが、土壌浸食や風蝕を抑える効果もあることがわかって、賛同者が増えたそうである。シャイさんによると、最近は、スタンレーさんが炭をコムギ栽培に使って、いい結果を出したという噂が伝わり、熱が上がっているという。

ナロジンとカラニーの周辺にある土地を調査し、農場主を説得して契約を結び、借地料を支払い、管理を依頼する。一一カ所の植林地は、広い範囲に散在しているので、ヘリと車で見て回るだけでも大変である。

この一一カ所の植林地では、事業的な植栽のほか、菌根菌の接種と炭を使った植林方法や、コムギへの炭施用法が同時に検討された[8]。菌根菌を接種する実験はマラチャックさんが担当し、作物への炭の効果はシャイさんとスタンレーさんが受け持った。

菌根の接種効果は苗畑では大きいが、野外では旱魃など、他の要因のほうが強く働いて、短期間では判定しにくいのが常である。ユーカリに対する炭施用効果についても、期待したほどの成長促進効果は見られなかった。ただし生存率は確実に高くなった。

このほか、実際にやってみると虫に食われたり、雑草に抑えられたり、旱魃年には成長が止まったりと、次々に問題続出である。それでも何とか火災にあうこともなく、その後も順調に育っているらしい。

最初、シャイさんの大学のガラス室でコムギに炭を与える実験をしたところ、実に鮮やかな促進効果が見られた。しかし、圃場でやってみると、よくない。聞くところによると炭の列とコムギの列が直角に交わっていたという。効果が出ないのも当たり前だが、炭が入った場所ではコムギの根が分岐して増え、旱魃の年に収量が落ちなかったという話だった。

オイルマリーの炭がなくなったので、わらの炭を南アフリカから買って撒布したら、風で飛んでしまうので、どうしようという。ペレットにして肥料を加えて、と何度もシャイさんとメールのやり取りをして何とか軌道に乗り出した。二〇一〇年の秋に来たときには意気軒昂。環境植林よりもこっちのほうが事業性もあって面白いと、このところバイオチャーに夢中である。オーストラリアでも炭を農業に使って気候緩和策にしようという動きが盛んで、沖森さんたちもその熱に煽られっぱなしである。

砂漠緑化・炎熱のサウジへ

サウジアラビアは距離も心も、ひどく遠い国だというのが、初めて訪れたときの第一印象だった。南回りの航路で一度ドバイに入り、そこからまたリヤドへ飛ぶ。出入国の手続きは煩雑で、入国カードを見たら、アルコールの持ち込みは厳禁。持って入った者は強制収容されると書いてあった。これが一番こたえる。

女性はみんな黒い目出しベール（ヒジャーブ）を被り、外国人女性も外出時には黒いコートを着ることになっている。驚いたことに、女性は車の運転ができないばかりか、一人で出歩くのも禁じられている。歴史的には意味があったのかもしれないが、これはどう考えても現代的ではない。

石油のおかげで急に豊かになり、市場にも高級品があふれているが、下働きは東南アジア、特にフィリッピンから来た出稼ぎ労働者の手にゆだねられている。キリスト教徒の彼らは下町にあるスラム街に暮らし、白人や日本人は米軍が守る要塞のような居住区に住んでいた。それほど神経を使わなければならない事情があるのだろうか。

いきさつは定かでないが、サウジアラビアで砂漠緑化の研究を始めるので、加わってほしいという誘いが来た。石油会社や大手ゼネコンなどが、すでにクウェートに近いカフジで緑化のための試験を行っていたが、それを補う仕事である。

当時、日本が採掘権を持っていたカフジ油田の契約が終わり、サウジアラビアが国有化すると宣言していた。この油田から出る石油は、日本の消費量の七パーセントを占めていた。そのため、日本側は油田を手放したくないので、何とかして有利な条件を取り付けたいと願っていた。サウジアラビア側は砂漠を横断する新幹線の建設を提案してきたが、莫大な費用がかかるため、安上がりの節水型緑化技術を提案したということだった。ケチったせいかどうかわからないが、この油田は結果的に日本の手を離れ、砂漠緑化も蜃気楼のように消えてしまった。

エネルギー資源にかかわる仕事は経済産業省の管轄だが、政府が直接手を出すわけにはいかない。そこで、特殊法人などの外郭団体に資金を流し、関連企業からも資金を募って、相乗りで緑化会社を作ることになった。結果的に、私たちも共同研究に参加するだけでなく、投資するという形だった。

受け持った仕事は、共生微生物を使う砂漠緑化技術や効率的灌漑システムの提案などである。[9]しかし、誰も本当の砂漠を体験したことがないので、とにかく現地を見て、何が求められているかを勉強することになった。案内はアラビア石油に勤務していた人たちで、石油のことだけでなく、サウジアラビアや中近東情勢にも詳しく、多くのことを教えていただいた。

もちろん、サウジアラビア全土が砂漠というわけではない。紅海沿岸には山脈があって、時には雪が降り、洪水に見舞われることもある。緑化用や野菜の苗づくりをしている業者が、気候のいい北のほうにいるというので、一晩泊まりで出かけた。途中は乾いているが、ところどころにワジと呼ばれる谷があって、デーツ（ナツメヤシ）や野菜栽培が盛んである。苗木業者の圃場も結構大きく、いろんな果樹や緑化樹、庭園樹などが栽培されていた。

灌漑は畑の間に溝を切って、汲み上げた地下水をかけ流しする方法だが、半分以上蒸散してしまうので、効率が悪い。最近はどこでも地下水の水位が下がっているという。ちなみに、この水は淡水魚の養殖試験にも使われていたので、今後はもっと水の需要が増えるかもしれない。

南の湾岸近くでもハウス栽培で野菜を作ったり、地下トンネルでマッシュルームを栽培したりするのが流行っている。いずれも空調が必要で、灌漑用の水は海水を淡水化したものだから、すべて高級野菜になってしまう。それだけ一般民衆の生活レベルが向上し、生活習慣病が問題になるほど、食生活が贅沢になっている。

一方、リヤドのような大都会では、街路樹を育てるために生活排水を細いチューブで流し、点滴灌水している。しかし、数日でも水が切れると枯れてしまうので、ここでも灌水方法が問題になっていた。人口が増えたリヤドでは飲料水が不足し、湾岸から海水を淡水化して補っているが、慢性的に水不足である。

二度目に訪れたとき、緑化する予定地のカフジへ出かけた。カフジ油田は、イラクが攻撃したとき被弾したほどクウェートに近い。ちなみに、リヤドのホテルに滞在していたとき、深夜に叩き起こされた。ボーイがテレビを見ろというので、点けてみると画面に青い光が走っている。寝ぼけ眼をこすってよく見ると、画面の上にライブのマークが出ていた。このときは爆撃されなかったが、リヤドはミサイルの到達距離内にあるらしい。翌日飛行機に乗ったが、空港は逃げ出すフィリッピン人でごった返し、サウジアラビアの上空を通過するまでは足に力が入っていた。

リヤドからカフジまでは、およそ七〇〇キロ、一日がかりの旅である。その間地平線と石ころだらけの荒地以外何もない。時々陽炎が湖に見えたり、自動車の蜃気楼が見えたり、ちょっとした幻覚のようだった。車の外は四五℃を超え、ボンネットで卵焼きができるほどである。わずかに草が生えているところでは、ヒツジが草を食んでいるが、よく生きていると感心させられる。荷物を運ぶ用のなくなったラクダが、野生化して砂漠をさまよっているが、レストランのプレートにも時々顔を出す。これが現在の砂漠の姿である。

チーム研究が始まると、参加企業は常駐する研究員を一人出すことになり、川本邦夫さんが家族同伴で派遣された。微生物を扱う仕事は栗栖敏浩さんの担当である。試験地はリヤドの西六〇キロにあるアブドゥーラ国王科学技術都市（ＫＡＣＳＴ）の構内にあったが、年間降水量は一〇〇ミリにも満たない。土は深さ六〇センチまで完全に乾いており、散水しないと植物が育つ状態ではない。

一九九九年、ここで緑化用のマメ科樹種、アルビシア・レベッカに共生微生物をつけて育ててみることにした。接種するのは、栗栖さんが現地で分離培養した根粒菌と日本から持って行った市販のアーバスキュラー菌根菌である。なお、根粒菌は市販の炭の粉に吸着させて用いた。対照として、化学肥料を与えた区と炭だけを入れた区、土壌改良材を入れた区、無処理区などを設けた。10

植栽五カ月後に地上部の乾燥重量や根粒の乾燥重量、アーバスキュラー菌根の形成率などを測定した。その結果、共生微生物を接種したものでは、成長量が肥料や土壌改良材を与えたものと同等になり、炭だけでは効果が認められなかった。根粒形成は接種した区だけに見られ、アーバスキュラー菌根については在来種が勝ったのか、ほとんど差がなかった。したがって、微生物の接種だけで緑化がうまくいくとはいえない。

実は、ここで偶然面白いことを見つけた。根を掘っていると、ビニールシートが埋まっていた。おそらく、木を植えたときに入ったのだろう。砂の中にマルチしたようになり、シートの下に根が出ていた。シートの下は湿っているが、そこを外れるとカラカラに乾いている。普通のマルチ法では温度が上がりすぎるが、砂の下に二〇センチほど埋まっていたので、うまくいったらしい。要するに、水を蒸発させない方法が最も効果的である。

もう一つ私の思い付きで、部分水耕法を試してもらった。何を隠そう、これはわが家の下水溜めに木の根が入って詰まったことから思い付いた方法である。ミカンでもウメでも根の一部を切ってバケツに水耕液を入れ、切り口を浸しておくとよく発根する。それ以外の根に肥料を与えなくても、水を切らしても木は十分育ってくれる。

サウジアラビアでは、成長が速いザクロを使って実験してもらった。その結果、部分水耕栽培した根は、通常の栽培に比べて散水量がわずか一三パーセントでもよく成長することが確かめられた。川本さんたちは、この二つの実験から「共生微生物は化学肥料の代わりになり、部分水耕は灌漑水の節約に役立つ」と書いている。

それにしても、言葉は通じにくく、卒倒するほどの暑さの中でビールも飲めず、戦争の危険にさらされて三年も働いてくれた川本さんたちがどんな思いだったかと、今でも気になっている。

8 炭鉱残土に植える

露天掘り炭鉱へ

アメリカ北西部森林科学研究所のジェームス・トラッピさんからアーバスキュラー菌根のことを教わったのは、一九七二年のことだった。その後、研究室の人たちに手伝ってもらって、筑波に移転した林業試験場で実験を始めた。次第にその接種効果が明らかになり、雑誌に記事が出始めると、肥料や微生物資材関係の会社の人たちが、よく訪ねてくるようになった。

その一人が出光興産で農業用微生物資材の開発に携わっていた鈴木源士さんだった。大変研究熱心で、菌根の解説書を書き、いくつかのいい仕事を残された。残念ながら、早く亡くなったが、東オーストラリアの植林プロジェクトを持ち込んできたのは、この人である。栗栖敏浩さんのパートナーで、現地でもお世話になった宮本秀夫さんは鈴木さんの後継者だった。このほか、プロジェクトの実行に当たって、関西電力の小川喜弘さん、出光興産の堀井彰三さんや依藤敏昭さんら、大勢の方々にお世話になった。

鈴木さんが石炭採掘跡地に植林するプロジェクトを、経済産業省の外郭団体、新エネルギー開発機構（ＮＥＤＯ）に提案したいので、手伝ってほしいと言ってこられたのは、たぶん一九九八年のことだったと思う。自社製のアーバスキュラー菌根が入った資材、「ドクターキンコン」をユーカリに接種すると成長がよくなったので、それを売り込みたいという話だった。ポット実験の結果を見せてもらうと、確かに効果は認められるが、野外で効くかどうかはわからない。とりあえず、試してみようということになった。

予算が通って与えられた正式の委託研究名は、「露天掘石炭採掘跡地修復技術協力事業」、期間は五年だった。そこで、出光興産と関西電力、電源開発三社の共同研究に参加し、私たちは外生菌根とバイオマス測定を受け持つことにした。研究所で担当するのは共生微生物を研究していた栗栖敏浩さんで、同級生の池田有理子さんや沖森さん、末国次郎さんたちが手伝った。出光興産はアーバスキュラー菌根と全般について、電源開発は土壌調査とデータ分析の担当だった。なお、ユーカリの植栽作業や成長測定は共同で行った。参加する会社はいずれもエネルギー関連企業だから、石炭火力発電による二酸化炭素排出の代償とオーストラリアへのサーヴィスという意味がある。

オーストラリアは世界第五位の石炭産出国で、年間およそ二億五〇〇〇万トン、世界の石炭産出量の七パーセントを占めている。ただし、国内需要が少ないため、その七二パーセントが輸出され、日本も発電や製鉄用のエネルギー源として大量に輸入している。[1] ウランや石炭、天然ガス、パルプなど、日本が天然資源をオーストラリアに依存する度合いは、年を追って高くなっているので、環境問題で協力する価値があるというわけである。

ブリスベンから小型ジェットで北北西に二時間ほど飛んで、エメラルドという小さな町に着く。クイーンズランド州の内陸部は、どこまで行っても地平線しか見えず、透き通った青い空とコムギ畑や果樹園、放牧地などが広がる大平原である。空気が澄んでいるため、星座が手にとるように見え、夜空はことのほか美しい。道路はまっすぐで、行き交う車もほとんどないが、「カンガルーに注意」という看板が多い。この周辺はユーカリの疎林が伐られてしまったため、バオバブの木に似たボトルツリー以外、木らしいものは何もない。

エメラルドから車で、牧場に囲まれた平坦な道を一時間ほど行くと、広い緩やかな盆地になる。そこに出光興産や電源開発が資本参加しているエンシャム炭鉱がある。[2] クイーンズランド州の炭田は東海岸に多く、中でもボーエンベースンの炭田は大きく、ほとんどが露天掘りである。

石炭の露天掘りについて、教えてもらったことを書いておこう。まず、石炭を掘るために、低地に残っているユーカリの疎林を伐採する。それから厚さ数十メートルの表土と岩盤を取り除き、炭層を露出させる。このエンシャム炭鉱では、炭層の厚さが五―八メートルになり、土砂はまったく混じっていない。ということは、少なくともこの一〇倍はあったはずの植物遺体が、水の中で何年もかかって堆積したのだろう。

石炭の間にキラキラ光る硫酸化合物のパイライトがあるので、水の中で硫黄細菌が働いたのかもしれない。炭層の上に乗っている砂岩の中には、シダ植物の化石が含まれており、ここの石炭はペルム紀（二億九〇〇〇万年前から二億四八〇〇万年前）にできたとされている。ちなみに、海岸近くの石炭層はジュラ紀のものだが、炭層が薄く、泥岩と互層をなしている。このような場合は水で選鉱するため、大量の土砂が出て、環境汚染の原因になっている。

巨大な露天掘りの穴に近づいたが、いたって静かで人影もない。シャベルカーの化け物のような削岩機が、ゆっくりと石炭をかきとり、一回でダンプカー一台分ほど掘り上げる。そのまま鉄道貨車ほどの長いトレーラーにドドドーッと積み込んでいる。機械を操作する人と車の運転手以外、労働者はいらないのだから、採炭にコストがかからない。インドネシアや中国の炭鉱のように、人手がかかる採掘に比べれば、格段に効率的である。これでは、電力会社も石油より安い石炭に手を出すはずである。

炭鉱からは石炭を積んだトレーラーが、ひっきりなしに砂塵を巻き上げながら港へ向かって走る。その道路に沿って残土が山のように積み上げられ、ちょっとした丘のようになっている。オーストラリアでは、鉱山から出る残土の上を緑化することが法律で義務付けられているが、申し訳程度であまり進んでいない。牧草の種をまいて牛を放し、コムギを栽培して、「自然に優しい炭鉱」と書いた看板を掲げているが、空々しい印象はぬぐえない。私たちも草を樹木に変えて、二酸化炭素固定に役立てようというのだが、掘り出す石炭の量と植えた木の量を見比べると、土台桁違いの話で、正直なところ、初めからしらけ気味だった。こんなに苦労して植えるぐらいなら、石炭を燃さないほうがよいというのが率直な感想である。

ユーカリを植える

この地方は亜熱帯と熱帯の境界に位置し、年間降雨量六〇〇ミリ前後でサバンナ気候とされている。雨季と乾季がはっきりしていて、四月から九月は温度が低く、雨が降らない。一〇月から翌年の三月までは雨季で温度が上がる。植物が成長し始めるのが八月からになるので、私たちが作業に行く時期はいつも暑くなるころだった。時に驚くほど雨が降って、炭鉱が閉鎖されるほどの大洪水になることもあるが、ほとんど毎日晴天続きだった。

昼は摂氏四〇℃を超え、夜は二〇℃以下と温度差が大きく、湿度は一五パーセントと極端に乾いている。そのため脱水症状にならないように、毎日大きいペットボトル二本の水が必需品だった。さらに、つば広の帽子を被ってサングラスをかけ、熱中症を避けるために手拭いで首を覆い、長袖のシャツを着て忌避剤を振りかける。季節によって小さなサンドフライやアブに襲われるが、刺されると数週間かゆみがとれないので、戦々恐々である。おまけに雑草はとげだらけで、乾くと鋭い針になる。

どこへ行ってもそうだが、木を植える許可が下りる場所は、人が暮らせないような荒地ばかりである。ましてや、水が悪く食べ物がまずいときては、なおさらのこと。私は年に一度ぐらい手伝いに出かけるだけだから、何とかしのげたが、何カ月も滞在して野外で働く人は大変だった。

私たちの実験のために、エンシャム炭鉱側が構内に残土を盛り上げて二八ヘクタールの平地を用意してくれた。ずいぶん広いように思うが、オーストラリアの二八ヘクタールはちょっとした裏庭のようなものである。ここにユーカリを植えてデータをとり、実用的な緑化方法を作り上げるのが仕事だった。以下に試験結果を要約する。[3]

炭層を覆っている岩盤と土は四層に分かれている。石炭に接している最下層は灰色の泥・砂岩層で、大きな塊状に割れている。ハンマーで叩くと、中に黒いシダの化石が含まれている。二番目が褐色の岩層で、多少砕けているので、整地すると固まりやすい。その上が痩せた砂質のシルト層で、地表は薄い表土層に覆われていた。いずれも窒素が少なく、pHは七・七から八・七と弱アルカリ性で、リン酸吸収係数は低めである。このような土壌では共生微生物の効果が表れやすいのが普通である。

この三種類の岩石がそれぞれ別個に積み上げられ、はいだ表土で表面が覆われていた。土地の造成は底面に岩石の大きい塊を置き、その上に土砂を積んでいくやり方である。表層の土壌も粘土と砂が混じり、その上を大型のブルドーザーで均すために、所によって土の硬さが大きく違っている。そこで、岩石の種類と土砂の積み上げ方を教えてもらって、試験区を決め、二度に分けて植えることにした。結果的に、岩石の種類に対するユーカリの反応を調べることになり、当初予定していた細かな処理方法の違い

図８−１　露天掘り炭鉱の残土にユーカリを植えた試験地。28ヘクタール、植栽４年目。成長に大きなばらつきが出ている。

は、二の次になってしまった。

植える樹種は、乾燥地に強い在来種のユーカリプトゥス・ポプルネアとユーカリプトゥス・カンバギアーナである。葉が丸いポプルネアは成長が遅く、葉の長いカンバギアーナは成長が速い。また、ポプルネアの葉や芽には虫こぶができやすく、年によって成長が抑えられた。なお、追加試験として通常海岸地方に植えられている産業植林用樹種のグランディスやダウニーを植えてみたが、いずれもほとんど成長しなかった。

菌根菌は芽生えの時期に接種するのが望ましいが、育苗のために長期滞在して面倒を見るのは、経費の点でも難しかった。そこで、やむなく二五〇キロ離れたロックハンプトンにある苗木業者から、出来合いの苗を買うことになった。苗は二年生でやや大きめである。このような場合は、菌根のつき方にも違いがあるので、苗の質が不均一になってしまう。

上記三種類の岩石に二種類の木を植え、さらに施肥の有無、ピートモス施用の有無、菌根菌接種の有無および灌水の有無の四通りの処理法を試みた。フィールドでの植林試験は、内容を単純にして処理の程度に極端な差をつけないと、いい結果が出てこない。短期間で結果が出る農作物と違って、施肥やマルチの効果は一時的で、菌根の場合も在来の菌との競合があるので、結果が明瞭に表れないのが常である。しかし、とにかく乗りかかった船、いろんな意見を取り入れて、やってみようということになった。

菌根とユーカリ植林

オーストラリアやニュージーランドには、北半球から持って行ったラジアータマツやメルクシマツなどの人工林もあるが、いまだに発生する菌根性キノコの種類が少ない。公園などに植えられているブナ科のオークなどに共生する外生菌根菌も同様である。

これはオーストラリア大陸が、古い時代に他の大陸と離れて独自の生物相を作り上げてきたからである。そのため、ユーカリに見合う菌根菌はいたが、北半球で第三紀以後に進化したと思われる樹種に共生する菌がいなかった。

また、外生菌根菌はアーバスキュラー菌根菌に比べて宿主特異性が強い。そのため、ユーカリの菌根菌がマツやナラの類にも菌根を作るという例が少ないので、外来樹種を導入するときには、それに見合った菌を持ち込む必要があった。

ただし、オーストラリアとニュージーランドはウサギなどを導入して失敗した経験から、動植物や微生物の輸入を厳しく制限している。その効果もあってか、いまだに外来種が比較的少ない地域である。

一方、オーストラリアの木といえば、ほとんどユーカリだが、この属には多くの種が含まれている。オーストラリア大陸で隔離されて進化したため、生殖器官の花は類似しているが、植物体の形態的相違はかなり大きい。そのため現在、いくつかの新しい属に分ける試みが始まっているそうである。

今のところ、ユーカリは例外なく外生菌根を形成するとされているが、中にはアーバスキュラー菌根を同時に形成するものがある。ここに植えたユーカリにも確かにアーバスキュラー菌根と外生菌根が認められた。おそらく、アーバスキュラー菌根は幼苗から成木になる成長初期に形成され、次第に外生菌根に代わるらしいが、まだ詳しいことはわからない。

一九九八年に西オーストラリア州のブルーガム植林地で雨季に外生菌根とその分布状態を調査してみた。植栽後一年で、樹高二メートルに達したブルーガムは、大量の根を地表近くに広げるが、外生菌根はほとんど見られず、キノコの発生もなかった。念のため簡便法で調べてみたが、アーバスキュラー菌根菌の胞子も見られなかった。

図8-2　ユーカリ林に出るスクレロデルマの子実体。このキノコとコツブタケは胞子が乾燥に強く、保存がきくので接種用に用いた。

一方、樹齢二年から三年になると樹冠が接し始め、ニセショウロ属、コツブタケ属、キツネタケ属、アセタケ属など、菌根菌の子実体が発生していた。ただし、きのこの発生箇所は一様ではなく、菌根の形成頻度は低く、量も少なかった。三年生以上になると、ベニタケ属や腹菌類の子実体が現れ、外生菌根菌の種類が変わるようだった。このほか、訪れるたびに気をつけて観察していたが、発生するキノコの種類構成は、日本の広葉樹林に比べてかなり単純だった。

このエンシャム炭鉱の周辺には、ユーカリとアカシアの混交林があるので、わざわざ接種しなくても、在来の菌が自然感染する可能性が高い。ただし、菌根菌の効果は種や系統によって異なるので、良いものを選んで、苗づくりの段階で接種するのが望ましい。特に、埋め戻された深層の岩石や植生がないまま長く放置されていた表土には、胞子が少ないので、適当な菌根菌を接種したほうがよい。苗にいい菌を接種すれば、初期成長がよくなるはずである。そこで、栗栖さんはキノコを採集して種や系統による効果の違いを調べてみることにした。

エメラルドの六、七、八月は最低気温が一〇℃、最高気温約二〇℃で、日本の秋に似ている。雨は少ないが、公園や植物園のように水をまいている場所には、結構キノコが出てくる。外生菌根菌の中でも、コツブタケ属のキノコがことのほか多かったが、日本のものとは明らかに別種だった。子実体は比較的大きく、直径約一〇センチで表面が白く卵型である。根状菌糸束が発達していて、土壌の深い位置にも広がることができる。

栗栖さんや池田さんは、時々エメラルドから東に約三〇〇キロ離れた海岸沿いの町ヤプーンまでキノコ採集に出かけた。ここは比較的雨量が多く、ユーカリとアカシアの混交林やユーカリの老齢林があるので、キノコの種類が多い。以下は栗栖さんの報告による[3]。

外生菌根菌としてはコツブタケの仲間が最も多かったが、二〇〇四年二月には、コツブタケ属以外にイグチの仲間のイロガワリ、ヤマドリタケ、キクバナイグチ、キヒダタケなどの近縁種八種を採集した。このほか、二〇〇〇年から五年間、クイーンズランド州内でキノコを採集したが、ユーカリの仲間にはニセショウロ属、コツブタケ属、テングタケ属、イグチ属などの外生菌根菌が共生していることを確認したという。発生条件が整えば、ユーカリの単純林でも一〇種以上の菌根性キノコが出ており、一〇年未満の若いユーカリ林ではニセショウロ属やコツブタケ属の菌が多かった。これらが優先するのは、胞子の乾燥耐性が高く、ひどく乾いた場所でも菌糸を広げてキノコを作ることができるからである。

北半球の広葉樹同様、ユーカリにも複数の菌が外生菌根を作るが、これがすべてオーストラリアの固有種かどうかはわからない。十九世紀以後、人の移動につれて運ばれてきた菌が、長い間に定着して増えた可能性もある。というのも、ブラジルでは、植林したユーカリ林にベニテングタケが出るといわれているからである。元来、このキノコは北半球に分布するカンバ類の菌根菌で、ユーカリと出会ったことはなかったはずである。おそらく、ユーカリは外来の菌を受け入れやすいのかもしれないが、詳しいことはわからない。

以上のことから、植林時に外生菌根菌の胞子を接種する場合は、ニセショウロ属とコツブタケ属を用いることにした。また、培養菌糸による接種源を作るために、子実体から分離培養を試み、ニセショウロ属一六菌株、コツブタケ属二八菌株、イグチ属八菌株の合計五二菌株を得た。コツブタケ属の一〇菌株は海岸でとった白い系統である。このほかの菌は培養できないか、成長がきわめて遅く、実験にも使えなかった。

さらに、栗栖さんは分離培養した菌をユーカリに接種してみた。三、四〇日間、バーミキュライトなどの基材に栄養源を加えた培地で、コツブタケ属やニセショウロ属の菌糸を培養して接種源を準備する。これをガラス室で育てたユーカリの芽生えに接種したところ、すべての菌株が効果を表し、無接種区よりも苗木の成長がよくなったという。

図8-3　スクレロデルマの接種効果。右は無接種。左の2つのポットは胞子を接種したもの。コツブタケもほぼ同様の効果を示した。

この実験結果から、マラチャックさんが言うように、特定の菌根菌の接種がユーカリの生育に有効であることが証明された。また、フタバガキの場合同様、菌根つきの苗を野外に植えると成長がそろい、その後の生育もよかったという。

なお、菌根について述べたついでに、接種効果にも触れておこう。植栽時に菌の胞子を撒布し、一年後に菌根の有無を確認するため、苗木の根元から二〇センチ離れた位置で二〇センチ角の土壌を掘り取り、外生菌根の形成状態を調べた。その結果、ピートモスと砂に炭を加えて土壌改良し、菌根菌の胞子を撒布した区では、ポプルネアとカンバギアーナ双方で、明らかに菌根と菌糸束の形成が認められた。ついていたのは、菌根の形や菌糸の色から判断して、確かに苗木を植えるときに接種したニセショウロ属とコツブタケ属のものだった。白色の菌糸を土壌中に広げ、ユーカリの根の先端を白色の厚い菌鞘で覆っているのがニセショウロ属、鮮やかな黄色の菌糸で根を覆っているのが、コツブタケ属である。

図8−4　土壌に炭を混合して、菌根菌、スクレロデルマがついた苗を植えると、白い菌糸束が広がり、菌根を盛んに形成した。

土壌改良せずに、木炭だけ施用して菌根菌を接種した区でも、細根が炭の中に入り、菌根が高頻度に形成されていた。ちなみに、この炭はスーパーマーケットで売られていたバーベキュー用のものである。その後も同様の接種実験を繰り返したが、いつも菌根菌と炭を施用した区で、ニセショウロ属の菌糸束や菌根が認められた。炭を塊で与えると、細根や菌糸が中に入って増え、そこから周辺に広がることも確認できた。

全体的に見ると、カンバギアーナに比べてポプルネアの成育が悪い。菌根菌の接種効果についても、ポプルネアよりもカンバギアーナのほうが反応しやすく、枯死率も低かった。以上のことから、エンシャム炭鉱周辺で環境植林を行う場合、植林樹種としてはカンバギアーナが最も適しており、菌根菌としてはニセショウロ属とコツブタケ属が有効と思われた。また、菌根菌が増殖しやすい土壌基盤としては、土壌水分と根系の発達を促す灰色泥・砂岩や褐色岩が適していることが明らかとなった。

アーバスキュラー菌根については、宮本さんたちがトラッププラントという手法を用いて調査した。その結果、植栽時に菌を接種した区では、用いた菌の胞子が認められ、ユーカリが成長するにつれて増殖することも確かめられた。しかし、無接種区でも在来の内生菌根菌の感染が認められ、初めに期待したほどの効果はなかった。なお、植栽一年半後の成長量を検討したところ、基盤にした残土の種類によってアーバスキュラー菌根菌の接種効果が異なり、外生菌根菌同様、灰色泥・砂岩で効果的だったという。

土壌要因に比べると、灌水同様、施肥や表層土壌の改良は成長初期には有効だが、樹木の成長や生存率にはほとんど無関係と思われる。一方、キノコ類が作る外生菌根は、いったん形成されると長期間有効に働くので、持続効果が期待できるという結論になった。

水が決め手

話は前後するが、第一回目の植栽は二〇〇〇年一二月に、二回目は二〇〇一年二月に行われた。植えた本数は一回目二種類で四六〇〇本、二回目七五〇〇本、列の間隔は四メートル、樹間幅を二メートルとした。試験のため人手で植えたが、大面積の場合は機械で植えるか、種子を直播しないと効率が悪い。

植えた直後に一カ月灌水したので、枯死率は一〇パーセントに抑えられた。しかし、長く続けると、ホースに沿って根が伸び、地中に入ろうとしない。また、実際、公園でもない限り、水をまき続けることはできないので、早めに灌水を止めたが、水切れの害は出なかった。

最初は施肥区や菌接種区で、多少成長がよさそうに思えたが、一年もたたないうちに成長に大きな差が出始めた。伸びないものはいつまでも小さいままで、よく育つものはブルーガムほどの速さである。しかし、どうひいき目に見ても、菌根菌や肥料、ピートモスが効いているようには思えない。それよりも、岩石の種類や場所による差のほうが目立ってきた。

その後二〇〇四年まで、毎年定期的に樹高、胸高または根元直径、枝張りなどを測定した。植栽後四年たったユーカリの樹高について見ると、カンバギアーナでは小さいもので一メートル程度、大きいものは七・五メートルを超えた。ポプルネアでは小さいもので約一メートル、大きいものでも四メートルだった。

二〇〇四年にはバイオマス量を見るために、植物体の全量を測定した。とてもシャベルでは無理なので、バックホーンに助けてもらい、根の分布状態を調べながら根を掘り上げた。それぞれ樹高を四段階に分け、大きさの異なるグループから一個体を選んで伐倒し、地上部については葉・枝・幹の各部位ごとに全量を、地下部については根の全長と生重量を測定した。また、各部分の含水率を測定して、乾燥重量を算出した。

その結果、ポプルネアでは最も小さい樹高一メートルのもので、全乾燥重量が〇・七八キログラム、地上部と地下部の比率が二・四五、最も大きい樹高四メートルのものでは、全乾燥重量一四・七一キログラム、地上部と地下部の比率は四・一七となった。カンバギアーナでは樹高一メートル

図8-5　植栽5年目に育ったユーカリを伐採して、バイオマスを測る作業。最大のものは樹高5メートル近くになった。

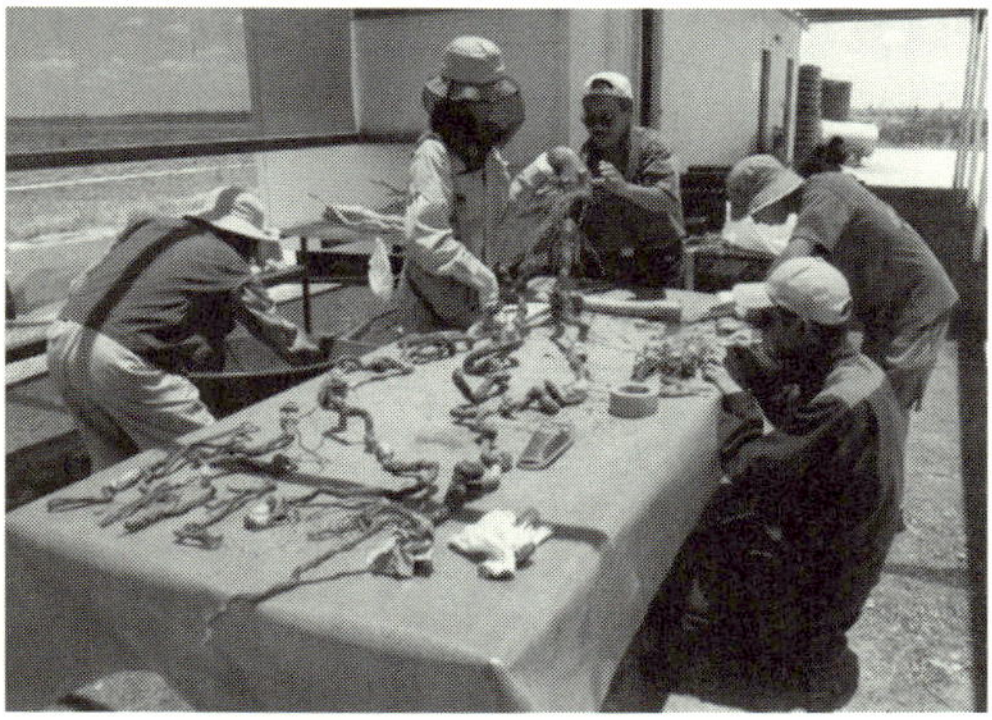

図8-6　根を掘り起こして切断し、重さを量って地下部のバイオマスを測定した。岩石の間を根が縫って育つために曲がりくねっている。

のもので全乾燥重量が〇・四九キログラム、地上部と地下部の比率が二・四五、成長が最もよかった七・五メートルのものでは全乾燥重量が三九・五三キログラム、地上部と地下部の比率は三・八七となった。

調査した個体数が少ないので、何ともいえないが、ここに植えられたユーカリは地下部の比率が高く、特にカンバギアーナでは根が全重量の二〇から三〇パーセントを占めていた。この値は熱帯雨林のフタバガキで見られた一三パーセントよりかなり高い。このことから、乾燥地に適応したユーカリは、枝葉を展開する前に十分根を張って水を吸収する体制を整えているように思える。

東北タイのユーカリ植林地で、木が水を過剰に吸い上げて井戸が枯れ、大騒ぎになったことがある。実際、行ってみると、植林地の中はカラカラに乾き、下草がまるで見られないほどだった。マリーユーカリに限らず、ユーカリの吸水力は馬鹿にならない。

根系を見ると、最も樹高が高かったカンバギアーナでは、根が湿り気のある深さ二・五メートルまで広がり、岩の割れ目にも細根が伸びて菌根を作っていた。一方、土壌がきわめて硬い場所では根が下に深く入らず、灌水用パイプに沿って、二方向に三メートルほどまっすぐに伸びていた。いずれの場合も、根が水に誘われて能動的に動いているように見える。

植えてから二年目に気づいたことだが、よく成長している区域は灰色泥・砂岩の大きな塊を積み上げたところだった。上に乗せた土をはぐと空隙が多く、地下に水がたまりやすいので、根系が深く発達したらしい。さらに、木が六メートル以上成長している場所には、必ず大きな穴か、窪みがあって、雨季に大量の水が流れ込むようだった。一方、細かく砕けた褐色の岩石を積んだところでは時間がたつにつれて土が固まり、根の広がりが制限されて、成長が抑えられていた。

これらのことから、さまざまな要因のうち、空隙を作って水をためる基盤造成、すなわち岩石の種類とその積み上げ方が最も重要な要因になるといえる。それに比べると、表層土壌の影響はさほど大きくなかった。乾燥が激しく、降水期間が限られている地域では、要するに水が決め手になるのである。

この植林によって、年間どれほどのバイオマスが生産され、二酸化炭素が固定されるのか、できるだけ正確な値を求めるのが、この仕事の目的の一つである。そのためには、全体のバイオマス量を正確に把握しなければならないが、実際問題として、植えた木をすべて量ることはとてもできない相談である。

そこで登場したのが、末国次郎さん担当の無線ヘリを使う測定法である。この無線ヘリは二三CCのガソリンエンジンで飛ぶおもちゃのような小型機である。その機体に手製の空撮専用のスキッドを取り付け、デジタル式一眼レフカメラとビデオカメラをセットする。さらに、上空からの映像を地上に送信するビデオトランスミッターを取り付けたので、全重量がほぼ一〇キロになったという。

何度か空中撮影を繰り返し、成長量と処理の関係をつかもうとした。しかし、この方法で施肥や灌漑、菌根の有無などの微妙な差をとらえるのは難しい。いえることは、岩石の種類や地形、水条件の違いなどが主要因で、しいていうなら、灌漑と肥料の有無がそれに次ぐといえる程度だった。

この方法は、末国さんが人工衛星から送られてくるデータを画像解析し、森林樹木の健全度を推定するために開発したものである。[4] それを環境植林の場合に適用し、バイオマス測定や成長決定因子の解析にも使えるように改良を加えた方法だった。将来、森林が二酸化炭素吸収源として公認された場合、必ず要求されるのが一定期間にどれほどの炭酸ガスを吸収したかという、正確な裏付けデータである。そのため、沖森さんたちが測定した地上でのバイオマス量と照合しながら、長期間にわたるバイオマス現存量の測定作業が必要だったのである。この仕事を完成するには、最低一〇年は必要だが、残念ながら方法が出来上がったところで、時間切れになってしまった。

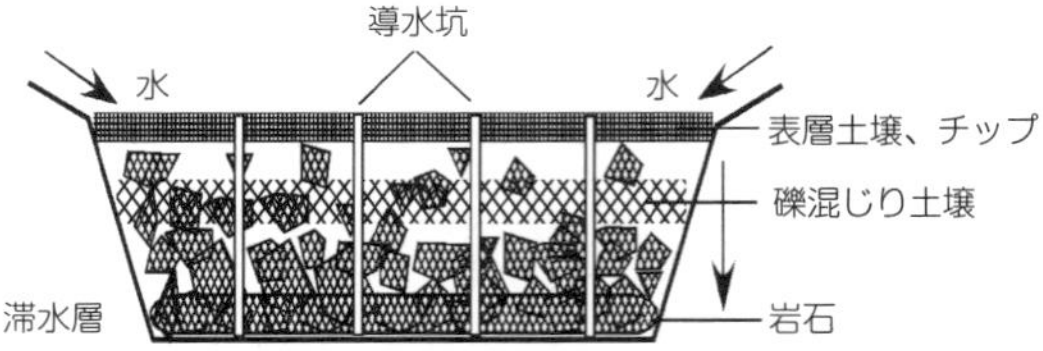

図8-7　今後炭鉱残土を積み上げて、緑化する際にとるのが望ましいと思われる土地造成法を提案。

短期的な実利が期待できない環境植林の場合は、できるだけ手間と経費をかけず、維持管理が容易な樹種や手法を選んで、実施しなければならない。また、複数の樹種を植栽して多様性を保つことも重要である。いわば、放っておいても育つ「森づくり」を心がけることが肝要なのである。「自然の力に頼るのが最良の方法」というのが、この仕事で私たちが得た最大の教訓だった。

乾いた大陸からマングローブ林へ

東海岸のクイーンズランド州は、たびたび大洪水に見舞われる。二〇一一年の年明けから州のほとんどが水浸しになり、正月のテレビ画面に水浸しのエメラルドの町が映っていた。いつも見ていた川の深さから考えて、驚くべき水量である。海岸沿いのロックハンプトンの町から、濁流が海に流れ込んでいる。海岸線を縁取っていたマングローブ林やその先にあるサンゴ礁はどうなったのだろう。そうでなくても、かなり以前から内陸の農地開発が進むにつれて、土砂や化学物質が流れ出し、沿岸生態系の崩壊が心配されていた。

東松孝臣さんが関西電力から関西総合環境センターの社長に出向された一九九五年の秋、新エネルギー開発機構の要請で研究課題探しにオーストラリアへ同行することになった。訪問先はクイーンズランド州にあるオーストラリア海洋研究所である。ここの主な研究テーマは海洋生態系の保全だったが、マングローブ林の保全問題も扱っていた。

一九八〇年代から東南アジアのマングローブ林を見てきたが、その荒れ方はひどいものだった。どこもエビの養殖池を作るために伐採され、材木はパルプや炭にして、日本などに輸出されていた。水辺には枯れたタコ足のような根だけが残り、水は汚れて見る影もない。エビの養殖や乱伐についても、日本に責任の一端があるので、できることなら修復を手伝いたいと思っていた。

三〇年ほど前、タイのエビ養殖場を見てから、輸入エビが食べられなくなった。エビやカニは、本来マングローブ林に住んでいたものだから、きれいなはずだった。ところが養殖できるようになると、伐採跡に土手で囲った深い池を掘って、そこへ大量のエビを放り込むようになった。過密のため、当然病気が発生しやすくなるので、絶えず抗生物質が投げ込まれる。さらに、エビの排せつ物や死骸がたまり、底には厚いヘドロの層ができる。そのため、何年かするとエビが飼えなくなり、新しい場所へ移動していく。沿岸にはこうして放棄された干潟が増え、不毛地帯に変わっていた。

この荒れ果てた東南アジアのマングローブ林に比べると、オーストラリアのそれは、まさに手つかずの天然林である。この正常な生態系を調べてから、修復方法を考えるのが常道なので、海洋研究所の専門家と一緒に生態系の調査をしてもらうことにした。担当はリモートセンシングの専門家、末国次郎さんと土壌の専門家、松井直弘さんだった。

一九九六年に三カ年計画で共同研究を始めたが、オーストラリア側は政府機関のせいか、動きが鈍く、満足なデータが得られない。それでも何とかマングローブ林のバイオマス量を推定し、地上部の生体重が炭素にしてヘクタール当たり一三〇トン、地下部が五二トン、光合成による生産量が年間二七から五〇トンになることを確かめた。このほか、陸地から海中まで、沿岸生態系の炭素集積量を推定し、マングローブ林が炭素固定と貯留に果たす役割を数値で表して報告した。[5]

その後、電力会社の研究所が直接することになって、私のほうは手を引いた。もっとも直接とはいっても、アイデアを出して働くのは常に子会社の社員である。どこでもそのようだが、金を出すのが偉いという慣習が日本のいたるところに蔓延しており、常に組織優先である。

調査研究の対象地もタイの観光地近くに移り、二〇〇〇年から二〇〇六年までマングローブの植林方法を研究することになった。植える場所はエビの養殖池の跡や干潟など、タイ湾沿いの六カ所、植林面積は八三ヘクタール、計二五万本である。

ちなみに、マングローブというのは熱帯・亜熱帯の汽水域に育つ樹木の総称で、分類学的には多様な種が交じっている。そのため、種子の形態や根の出方、成育条件もそれぞれ違っている。したがって、植林する場所に応じて樹種を選ぶ必要がある。そのため、ここでは酸性土壌に合うリソフォラ・ムクロナータとフルギエラ・シリンドリカの二種が植えられていた。松井さんたちの報告書から、いくつかの試験例を拾ってみよう。[6]

最も問題が多いのは、エビの養殖池の跡である。インドネシアのバリ島でも植林していたが、そのままでは木が育たないという話だった。エビの養殖池は、長い間放置されると次第に土砂がたまり、地盤が高くなるので、水が停滞してしまう。そのため、掘り下げて海水が入れ替わるようにしなければならない。そこへエビの排せつ物やココヤシの殻の繊維、肥料などを入れて土壌改良し、植林を試みた。

その結果、地盤を掘り下げると、リソフォラ・ムクロナータの成長量が四から五倍になったという。海水が循環するようになると、根が洗われてミネラルが供給されるので、成長がよくなるらしい。土壌改良すると、多少生存率が上がったが、これはヤシ殻の繊維が泥に空隙を作り、エビの排せつ物からリン酸などの栄養分が供給されたためだろうという。

もう一つの問題は、マングローブ林の伐採が原因で始まった海岸の浸食である。特に古くから開発されてきた内湾沿いでは、浸食が進んでいるので、マングローブ林を再生させて沿岸を守る必要がある。そのため、干潮時に干潟に波除けの柵を作り、その内側へ苗を植える。しかし、満潮になるとせっかく植えた苗が流され、育ったと思うとフジツボがついて枯れてしまう。そのため、ここではフジツボに強いソネラチア・カセオラリスの大きい苗を植えることにした。植える時期は、海水の塩分濃度が一・五パーセント以下になる雨季である。こうして、かろうじて成功したという。

三番目の課題は、植林しながら地元住民が漁業を続けられる方法を探すことだった。漁業や炭焼きを続けながら、マングローブ林を管理する方法は、古くからマレーシアで実行に移されている。そのやり方は小面積を伐採して木材をとり、天然下種で若いマングローブ林を再生させ、林縁で魚やエビを養殖するやり方である。

タイの方法は、マングローブ林を計画的に残して水面を広げ、魚やカニ、エビなどを養殖するやり方だった。これをシルボフィシャリーと称して、政府も奨励しているが、景観的にものどかで、働いている人も楽しそうだった。この場合は、落ち葉やマングローブに寄ってくる小動物が魚やエビ、カニなどの餌になるので、食物連鎖が成り立ち、大量に飼料を与える必要もない。半自然的な養殖漁業だから、効率は悪いかもしれないが、どこか有機農業に似て面白い。欲をかかずにのんびり暮らしたいと思うなら、マングローブ林は陸上の森林よりも、より豊かな糧を与えてくれる場所だといえるだろう。

タイでも末国さんたちは無線ヘリを使ってバイオマスの測定を続け、大規模植林事業に備えていたが、いかんせん、まだその成果が役立つ段階には至っていない。[7]

9 緑に帰る山々

朝鮮半島の南と北で

初めて韓国へ入ったのは、一九八一年の九月だった。名目はアカマツ林の保護管理となっていたが、実のところはマツタケ山の管理方法を山林科学研究院の人に教えることだった。それから一〇年、趙在明さんや金永錬さんらと一緒にマツタケ産地巡りが続き、太白山脈から小白山脈にかけてほぼ全土を見て回った。

そのころは、朝鮮戦争後に保安林として植えられたアカマツとニセアカシアやハンノキの混交林が育ち始めたばかりで、都市や農村の周辺には、まだはげ山が多かった。その後行くたびに山が緑に変わり、最近ではソウル郊外の南山でさえ岩が隠れるほどになった。今はすでにマツタケの出盛り期を過ぎて、マツ枯れの時代に入り、釜山郊外から始まった被害範囲は、日本同様、次第に北上している[1]。

韓半島の気温は岩手県など、東北の太平洋沿岸地方のそれに近い。しかし、雨季が夏に限られているため、晴天続きでいつも乾いている。自然植生は、ナラ類を主とした広葉樹にアカマツやモミ、チョウセンゴヨウマツなどの針葉樹が交じる夏緑広葉樹林である。見かけの森林植生は日本の東北のものに似るが、本土ではブナや常緑広葉樹が見られない。

三八度線に近い光陵に残されている自然保護林は、ほぼもとの姿をとどめており、見事な落葉広葉樹林である。ここは植民地時代に総督府林業試験場の苗圃や見本林があったところで、朝鮮第七代世祖（一四一七―一四六六）の陵墓があるため、古くから保護されてきた。朝鮮戦争当時、戦火から守るのに大変な苦労をしたという話を聞いたが、韓国にとっては貴重な天然林である。現在は山林科学研究院の中部支所に属し、構内には森林博物館もあって、よく管理されている。

もう一カ所、これに近い状態で残っているのが太白山脈の中央部の森林で、やはり落葉広葉樹林である。訪れたときはちょうど紅葉が始まったばかりで、八幡平にいるような気分だった。昔はトラが出たという奥地だから、人が近づかないため天然林が残ったという。

これに比べて、早くから鉄器文明が栄えた伽耶韓国の故地、洛東江流域では今に至るまで、森林といえるほどのものがない。二〇〇六年に訪れたころでも、ようやく山に貧弱なアカマツ林が戻り始めたばかりだった。

韓国では一九七〇年代に入ると、朝鮮戦争で焼き払われた山野を守るため、厳しい罰則を設けて、日本の江戸時代のように「鎌止め」を実行していた。これは、入山するとき刃物を持ち込んではならないという制限である。ただし、アカマツ林の多い江原道など、所によっては、燃料用にマツの下枝は払ってもよいが、下草や灌木の伐採を禁止している地方もあった。

この政府の方針に沿って、林産担当だった趙さんたちも炭焼きをやめさせるため、炭窯をかたっぱしからつぶして歩いた。その結果、伐採が減ってアカマツやナラ類の植林も進み、成長の速いハンノキなどの人工林が育つようになった。この功績に対して表彰されたそうだが、受賞すると必ず嫌味を言うのがいるのはどこも同じ。「最高の林業技術は何もしないことなんだな」と皮肉を言われたという。洋の東西を問わず、山に緑を戻す最上の策は、人や家畜を遠ざけることである。

当時、森林や林業を扱う山林庁は内務省の所属で、韓国全土の山林は、すべて山林庁所管の山林組合によって管理されていた。そのため、手ぶらで山へ入ることすら許可されず、マツタケ山の調査に入るときでも、必ず村にある山林組合に出向いて登録し、外国人はパスポートを預けることになっていた。軍政のもとで警察権を持っていた山林組合がマツタケの採取や出荷も監督していたので、こちらが緊張するほど威張っていた。もっとも、趙さんはいつも彼らを怒鳴りつけていたが。

韓国では朴政権の経済成長政策によって工業化が進み、日本よりも早いテンポで先進国に近づいていった。家庭用燃料が薪炭から石炭の豆炭に変わり、石油を大量輸入するようになると、見る見るうちに山が緑になっていった。人口は日本の三分の一にすぎないのに、あの底力である。ついでにいうなら、台湾は一六〇〇万人で、巨大な中華人民共和国を相手取って頑張っている。それに引き替え、わが国はといいたいところだが。

一九八〇年代は、頼まれて韓国に通っていたが、一九九一年に民間人になると、北からお呼びがかかるようになった。韓国へ小川という男がマツタケを教えに行ってから、南朝鮮のマツタケ輸出高がうなぎ上りになった。「何か秘密の方法を伝授したのではないか」というわけである。仲介したのは、灌漑用ポンプなど、機械を扱っている会社と在日系商社の人だった。

いささか好奇心もあって、マツタケが出る九月に北京経由で出かけた。当時は日本のパスポートに「北朝鮮を除く」と書かれていたので、入国管理庁で墨を塗ってもらい、北京の大使館でビザをとって入るという変則的なやり方だった。一九九二年当時、北京から北の山野はほとんど茶色のはげ山だった。飛行機がピョンヤンに近づくにつれて、多少緑色の山が見え出したが、韓国との差は歴然としていた。

まだ、金日成が存命で、国全体に休戦状態の緊張感がみなぎっていた。ピョンヤンでマツタケについて講義したが、一向に山へつれて行こうとしない。「アカマツ林の状態を見ないことには来た意味がない」とねばったら、数日待ってようやく妙香山へ行く許可が下りた。向こうの人にも松茸狩りは珍しいと見えて、偉い人が女性をつれてやってきた。女諜報員かと思ったら、マッサージ師とのこと。このころから次第にタガが緩み始めていたらしい。

西海岸へ通じる幹線道路を通ったが、でこぼこ道で行き合う車も見えず、並行して走る線路はあるが、汽車の影もない。電力不足で石炭が掘れず、慢性的に燃料不足が続いているという。そのせいで、夜空は冴えわたり、周囲に明かりがないので、ピョンヤン市内からでさえ、満天の星を楽しむことができた。

川の水も澄んでいるが、度重なる洪水のために砂利で埋まってしまい、水力発電所も止まったままである。たまった土砂を取り除こうとしているが、重機がないので、手作業だった。道路工事現場でもハンマーで砕石を作っていた。なんと、手作りの高速道路である。とにかく行く先々、「何にもない」というのが第一印象だった。

道路の法面や河川敷など、いたるところにダイズやトウモロコシが植えられていたが、どれも貧弱で種子の分ほどしか収穫できないのではと思われるほどだった。水田の耕地整備は進んでいるが、ピョンヤン市民が勤労奉仕で働くため、効率が悪い。機械も肥料も不足しているので、刈り取ったままの稲が水田の中でそのままになっていた。日本に比べたら、反当りの収量はおそらく半分以下だろう。「これは何とかしなければ」と言ったら、二〇〇〇年まで正式の招請状を受け取って、時々農業指導に出向くことになってしまった。[2]

妙香山には大きな迎賓館があって、その裏山にマツタケが出るという。ここは昔から風光明媚な名所として知られ、渓流沿いに仏教寺院があって観光地になっていた。近くには見せるためのモデル村が作ってあるが、もちろん一般人は入れない。時々、カービン銃を持った警備兵に脅されながら、息を切らせて急斜面を上り、見つけたマツタケはたった一本。

その後、何度か地方へ調査に出かけたが、ピョンヤン市内やモデル農場の周辺、名所旧跡などのほかは、ほとんどはげ山か、貧弱なアカマツ林だった。森林伐採は禁じられているが、山には伐れるほどの木がない。山裾は掘り返して畑に変えられ、燃料になる草木も見当たらない。家庭用の燃料は道路沿いの枯れ草や灌木、ダイズやトウモロコシの殻などである。そのため、ゴミというものが消えて、人家の近くは実に清潔である。

果樹園の手入れが行き届いているので感心していたら、果実よりも剪定枝が大事だと、こっそり教えてくれた。これも貴重な燃料である。どこへ行っても、家畜はほとんどいないので、幸い過放牧の害もない。山に木を植えたいので、援助してほしいと言われたが、どこから手をつけていいのか、困惑するほどの荒れようである。

おそらく、咸鏡北道の山地に入れば、マツタケが出るほどのアカマツ林が残っているのだろう。しかし、マツタケが大量に採れるという話は聞かなかった。マツタケが出るほどのアカマツ林は、比較的成長がよいところなのである。

いつ、韓国のように山が緑に覆われるのか、今の体制が続く限り望み薄である。二〇一一年の冬、朝鮮半島が寒波に見舞われ、韓国ではハウス栽培の野菜が凍害を受けた。最低気温がマイナス二〇℃以下になり、五月まで土が凍る「凍土の共和国」の人たちはどうしているのだろう。食べる物も、暖をとる燃料もないのである。

緑の地球ネットワーク

記憶があいまいなので、「緑の地球ネットワーク（GEN）」の事務局長、高見邦雄さんに「初めて会ったのはいつでしたっけ」と聞いたら、「一九九五年に宇治で会いましたよ」という答え。高見さんは七〇年安保世代で、東大を中退。一九九二年に中国の山西省大同市に入り、黄土高原の緑化を目指して植林と農村の支援活動を始めた人である。

当時の中国は、まだ工人帽と人民服、自転車の時代だった。山西省といえば、日中戦争で日本軍が三光作戦と称して住民を痛めつけたところである。そこに腰を据えて二〇年、活動し続けたのだから、現代の豪傑である。今も「斗酒なお辞せず」中国総工会と仲良くやっている。

緑の地球ネットワークは元大阪市立大学の植物園長、立花吉茂さんを代表として、一九九二年に設立され、大阪に本拠を置き、関東にもブランチを持っているＮＰＯ法人である。

現在、多少高齢化しているそうだが、それでも個人会員数は五〇〇人を超える。この団体は年数回ワーキングツアーを組み、黄土高原に植林するボランティア活動を主催してきた。また、農村地域の小学校へアンズの苗を送って教育のための資金づくりを助け、水が枯れた村で井戸掘りを手伝うなど、幅広い活動を行ってきた。[3] 最近は国際協力事業団の支援を得て、調査研究チームも加わり、支援から共同事業へと発展している。

聞くところによると、活動を始めて間もなくのころ、元東北大学理学部植物園長で顧問の遠田宏さんと山西省にある政府関係の苗畑を訪ねたところ、中国科学院の女性研究員が菌根について説明していたという。菌根がマツの育苗に効果があることを知って、少し調べてみようということになった。そこで、同じ顧問だった故小川房人さんに菌根のことを尋ねたら「自分の後輩で、小川という男が菌根を扱っている」というので、宇治まで訪ねてきたのだそうである。

そのとき、一度見に来てほしいと言われたが、熱帯雨林再生の共同研究を始めたばかりだったので、時間的にもゆとりがなかった。同じころ、国際協力事業団の林業プロジェクトで菌根を教えに福建省へ出向いていたが、公用出張は融通がきかない。そんな事情で、気になりながら放っておいたら、また一九九六年になって頼まれた。そこで、一九九七年四月、北朝鮮からの帰りに立ち寄ることにした。

当時、まだ中国国内を自由に旅行することは許されず、大同も不案内だったので、日本語の上手な看護師の王苹さんを紹介してもらった。北京のホテルで落ち合い、深夜に出る寝台列車で大同へ向かう。一応、特急なのだが、止まるたびに頭をぶつけて目が覚める。便所はあふれて使い物にならず、列車が止まると、みんな窓から用を足していた。夜が明けるころようやく山西省に入り、八時間以上かけて大同にたどり着いた。今も時々乗るが、ずいぶんきれいになったものである。今、王さんは大同市の病院の副院長だが、二〇年前と少しも変わらず、いつもにこやかな優しい人である。

駅で高見さんたちに出迎えてもらい、ふらふらしながら、すぐホテルに入った。ところが、のどがえがらっぽくて、しきりに咳き込む。天気はいいはずなのに、町は灰色にかすみ、土埃にまみれていた。四月はまだ雪が降るほど寒く、どの家でも石炭を焚いて暖房している。それに黄砂が混じるので、しばらく外にいると、髪の毛がバシバシになるほどだった。

着くとすぐ、一九九五年にできた「環境林センター」を訪れて、マツの苗に菌根菌の胞子を撒布する実験にとりかかった。前年の秋、マツ林のキノコをできるだけたくさん集めて、冷蔵庫がないので、土に埋めておくように頼んでおいたら、凍ったキノコが袋にいっぱい詰められていた。これを水で洗って胞子液を作り、一年生の苗にふりかけたり、種をまく土に混ぜたりしてみた。この実験がうまく当たって、しばらくすると高見さんから、「菌を接種した四カ月後には倍の大きさになり、いい苗ができて、今までの一・五倍の値で売れた」という報告があった。日本のように菌が豊富なところでは効果が出にくいが、黄土高原の土壌には菌根菌がいなかったのだろう。[5]

　このとき、アンズの根にアーバスキュラー菌根をつける実験もしてみたが、これは菌が合わなかったのか、さほどでもなかった。日本の市販のものと中国のアンズでは相性が悪かったのだろう。ユーカリの場合同様、アーバスキュラー菌根菌は外生菌根菌に比べると、どこにでもいて在来の菌が優先的につくので、接種効果が表れにくい。

　以後、マツの苗づくりにはキノコが必須だということになり、アブラマツ[4]やモンゴリマツの育苗に広く菌根菌が使われるようになった。そのいきさつについては高見さんの著書に詳しく紹介されている。この実験がうまくいかなかったら、おそらく緑の地球ネットワークと私のお付き合いも、それまでだったかもしれない。それから、また一〇年休んで、二〇〇七年から改めて手伝うことになった。以下はここ数年の仕事の紹介である。

　話を進める前に、緑の地球ネットワークが活動している拠点を紹介しておこう。これまで活動の中心だった環境林センターの敷地が、二〇一〇年から都市公園に吸収されることになった。そのため、郊外に移転することになり、現在有用植物園や苗畑、樹木園を作る計画が進行中である。

大同から車で六時間ほどかかる南の霊丘県には「南天門自然植物園」がある。ここは立花さんの提案で、放牧によってはげ山同然になっていたところを自然植生に戻すための試験林である。一〇年前、一〇〇年間放牧をやめるという契約を地元と結んで、将来植物園にしようと考えている急峻な山である。山裾には建物と苗畑や樹木園があって、地元の人が管理に当たっている。

もう一つ、「白登苗圃」が大同市の北にあって、ここでは植林用の苗木づくりや作物の栽培、アンズ栽培などが行われている。ここにも現地の人が大勢働いていて、実験を手伝ってくれるので、大助かりである。ただし、ここも工業団地開発のため二〇一一年春に閉鎖された。もう一カ所、「白登苗圃」の先に大面積植林を試みている「カササギの森」がある。ここでは日本から行ったボランティア団体が、十数年にわたってマツやナラなどを植えている。

図9-1　放牧を禁止して10年たち、緑色が濃くなった山。中国では全国で人工林造成が盛ん。中国山西省霊丘県。

黄土高原にマツを植える

一般的にいって、長い間、植える予定の木と同じ樹種がなかったところには、外生菌根菌の菌糸や胞子がいないと思ったほうがよい。黄土高原のように、長い間裸地に近かったところにマツを植えるときは、菌根がよくついた苗を植えなければならない。マツに限らず、外生菌根が必要な樹木を処女地に植える場合は、必ずパートナーになる菌を選んで接種する必要がある。というのは、樹種によって明らかに共生する菌が異なるからである。

ただし、植林予定地から数キロ以内に同じ樹種の森林があれば、自然に胞子が飛んできて感染するので、わざわざ接種する必要はない。反対に、菌の自然感染が期待できないところへマツを植える場合は、苗づくりの早い時期に適当な菌を接種しておくのがのぞましい。なお、フタバガキの場合同様、「培養菌糸を使いたい」という人もいるが、装置を必要とするので、経費がかかり、植林事業には向かない。さらに、野外に出すと培養菌糸は弱く、系統によって性質が異なるので、効果が出にくい。

ここで、いくつかの実用的な接種法を紹介しておこう。[6]

(一) 山土の散布

最も簡単なのは、同じ樹種が生えている山の土を使う方法である。たとえば、マツならマツ、カラマツならカラマツ、ナラならナラ林の落ち葉の下の土の層を数センチ薄くはいで、それを苗畑の土壌にすきこむ。時期は播種の直前がよい。

「白登苗圃」では一〇年以上マツ苗を連作しているため、茶色になって枯れる障害が発生している。それを予防するためにも、菌根菌の接種が必要と思われたので、山土の効果を試してみた。

二〇一〇年四月、「南天門自然植物園」にあるモンゴリマツの根元から表層土を採取し、播種床に均等に散布し、レーキで深さ一〇センチまでにすきこんだ。そこへ五月にモンゴリマツの種子をまいてもらった。この方法によると、特定の菌の胞子を散布するよりも、複数の菌が感染するため、菌根の種類は多様になるが、効果は小さい。ただし、苗圃の土に多種類の菌根菌が定着する可能性は高い。

図9-2　木が育ち始めた山からキノコを採集する。その中からマツやナラ類に効果のある菌根菌を選び出す。

二〇一〇年九月一日に苗畑へ行ってみると、山土を入れた区では葉の色が鮮やかで、多少成長がよいように思えた。そこで、この区と山土を入れなかった区から、それぞれ一五本ずつサンプルを抜き取り、成育状態を比べてみた。抜き取った苗を並べると、大きさや葉の量、色などに差が出ていたが、重量に出るほどではない。

山土を入れた区に育った苗の全長は二〇・七センチ、

新梢の長さは七・一センチ、菌根の形成率は七〇パーセント、山土を入れなかった区では、苗の全長一八センチ、新梢の長さ五・一センチ、菌根の形成率二八パーセントだった。やはり、見かけ通り苗高と新梢の長さ、菌根の形成率にかなりの差がある。菌根のつき方には個体差があり、白色と茶色の菌根がわずかに認められた。一般に一年生苗のときに、これほどの差があると後の生育状態もよくなるので、この方法は現地で十分役立つと思われる。

高見さんたちが二〇〇〇年ごろにやっていたのは、山土と炭の粉を混ぜて撒布する方法だった。こうすると、さらに菌根の形成率が上がる。しかし、残念ながら炭を焼いていたところが廃業して手に入らなくなったそうである。

(二) 胞子の撒布

このところ、大同へは春秋二回行くことになっている。春は試験の準備、秋はキノコ集めや試験結果の測定である。通年滞在するわけにはいかないので、どうしても作業のタイミングを自然条件に合わせるのが難しい。この胞子撒布試験もその一例である。

二〇〇九年九月、第一回の胞子撒布試験を行った。撒布対象はアブラマツとモンゴリマツの一年生苗である。前者は苗高平均六・四八センチ、後者は苗高平均四・四二センチで、本葉が出ていた。いずれも菌根の形成は不均一で、キツネタケ属かアセタケ属の菌がついており、成長のよいものには白い菌根が認められた。このような場合は、後から接種した菌がつきにくいのが常である。

なお、この実験は伊藤武さんと栗栖敏浩さんの担当である。

ここで簡単な胞子のとり方とまき方を紹介しておこう。「南天門自然植物園」で採集したキノコのヒダの部分だけをとって、タオルに包み、水の中でもみ洗いする。水二リットルに対してキノコのヒダ二〇〇グラム程度にすると、茶色の濃い胞子液がとれる。この原液を二〇〇倍に薄め、二五リットルずつ、密生しているアブラマツとモンゴリマツの長さ六メートルの畝、二列に散布し、別の二列をコントロールとした。モンゴリマツへも同様に散布したが、葉が黄変する病気が出て殺菌剤をまいたというので、おそらく効かないだろう。北海道のトドマツやエゾマツの苗圃で病害防除のために土壌殺菌していたが、菌根はまったくついていなかった。菌根菌は殺菌剤に敏感である。

図9-3　ヌメリイグチやチチアワタケからとった胞子を薄めて、マツの苗にまく。正面に立っているのは高見邦雄さん。

二〇一〇年九月三日の午後から苗の掘り取り作業にかかる。根が深く入っているので、深さ五〇―六〇センチほど掘り下げ、畝の端から苗を抜き取る。土の塊を落して根を出し、水で洗って並べて写真を撮る。見掛けの違いは小さく、重量差もほとんどなさそうだった。ただ、シュートと葉の長さに違いが出るかもしれないので、みんなで手分けして測定してもらった。

苗の全長とシュート、根、葉の長さを測り、菌根のつき方を五段階に分けて測定した。測定し終わった苗を床に広げて自然乾燥させ、二日後に重量や菌根の量を測定した。菌根や細根の測り方は、生乾きの状態で手もみし、篩でふるって小さな根だけを分けて重量を量る簡便法である。

ちなみに、細根の出方や菌根のつき方を視覚的にとらえたい場合は、水を切ってからコピー機で形を写し取るのがよい。数量で示さないと納得しない人もいるが、生物に見られる現象は大方視覚的なもので、数字になりにくいのが常である。

測定してみると、いずれにも顕著な接種効果が見られなかった。多少、ショウロやヌメリイグチの胞子撒布区に効果が出ていたようだが、期待外れだった。一九九七年に初めて試みた実験では、播種して芽生えが出たばかりのポット苗に胞子を散布したので、効果が大きくなったのだろう。

苗畑で菌根ができる過程を見ると、通常播種三カ月ほどたった芽生えの段階で側根に菌根菌が感染し始める。そのため、本葉が出るころに掘り上げると、肉眼でも見えるほど側根に菌根がついている。菌糸束を作る菌では白い糸状の菌糸も見える。いったん菌根ができると、菌糸や菌糸束が根に沿って伸び、次々と菌根を作るので、根は少数の菌に独占される。したがって、もし苗畑の土に在来の菌がいると、その先住者が優先的に感染するので、育った苗に後で接種しても感染しにくいというわけである。菌根菌の間の競争を避けるため、接種時期は苗が小さい間のほうがよい。なお、一般に菌根菌は主根にはつかないので、成長を抑えることはない。

高見さんによると、以前に山土をまくと菌根ができると管理人に伝えておいたので、カラマツ林の土をすきこんだらしいという話だった。道理で、根を洗っているとき、カラマツの葉が出てきたはずである。カラマツとマツでは菌根菌の種類がまったく違うので、効果が出ないのも当然である。ただし、キツネタケとアセタケの一種は双方に共通している可能性が高いので、どちらかが先に菌根を作っていたのかもしれない。この二種の菌が作る菌根は茶色で小さく、菌がついていない根と見分けにくく、成長促進効果もほとんど見られないのが普通である。

図9-4　右は胞子を撒布して菌根がついた苗で、根の量が多い。左は撒布しなかった苗で、根が少なく、菌根も見られない。

「植林」と「植苗」

ここ数年、気になっていることがある。一つは街路樹として植えられたポプラから種が飛んで、天然下種で育ち始めたことである。道路沿いの法面などに若い木が増え出し、年々大きくなっている。伐られた少老樹も根元から盛んに萌芽して育ち始めた。いずれ天然下種で増えたポプラがはびこるのではないかと心配になるほどである。ただし、マツの場合はアブラマツでもモンゴリマツでも種子がまだ少ないのか、天然下種で生えたものはない。

このところ、中国では環境緑化運動が盛んで、町から村まで道路沿いや山にどんどん木を植えている。高見さんによると、中国はさすが文字の国、大きな木を植えて、一挙に林を作ることを「植林」、山に木を植えることを「植苗」というそうだが、今この「植林」が盛んである。その中で面白いことに気づいた。

大同市でも新しく引いた道路には、必ず街路樹を植える。まるで、インスタントガーデンといったように、一晩でマツの並木道を作ってしまう。河北省の植木屋から若木を買って、枝も落とさずトラックにそのまま積み込んで、数百キロの道のりを運んでくる。それを大きな穴に植え込み、支柱を立てる。もちろん、後から水をたっぷりまいているようだが、我々の常識からすると、間違いなく枯れてしまいそうに思える。ところが、この街路樹が存外枯れないで生き残るのだから不思議。

マツは枯れると、すぐ植え替えているようだが、広葉樹の場合はもっと乱暴である。七―八メートルもある大きな木の根を筵に包んで運び、枝を落として丸坊主にしてそのまま植える。植えた直後はまるで電柱を立てたようだが、春になると、しっかり芽を吹いてくる。

季節にお構いなしに、年中植えているようだが、ちゃんと育っているのだからたいしたものである。植え方は穴を掘って水を入れ、泥をかき回してやる、いわゆる土用植えである。こうすると、泥と根が密着し、発根した若い根が水を吸収しながら伸びるのだろう。どうやら、中国の樹木は乾燥に適応しているのか、水不足でも根が出やすいらしい。この方法は黄土高原独特のものなのか、全国で通用するのか、面白いやり方である。

人間と同じように、中国のマツは日本のものに比べるとはるかにタフである。上のようなやり方で幹線道路沿いに植えたマツを数年見ていて気づいたことだが、時間がたつにつれて樹形が変わっていく。植えたばかりの若木は苗畑で十分栄養をもらって育っているので、葉を茂らせている。ところが、時間がたつにつれて大きな葉を落とし、小さな葉を出すようになる。そのため、数年たったマツは葉が少なく、枝の短いしょぼくれた姿になるが、色つやがよくなり、しっかりと伸び始める。どうやら三年もすると、土地になじんで、それなりの樹形になる。「郷に入っては郷に従え」とは、まさにこのことかと、ひどく感じ入ったものである。

緑の地球ネットワークではこれまで、荒廃した黄土高原に緑を取り戻そうと、中国の植林活動に協力し、支援を続けてきた。しかし、近年経済林だけでなく、二酸化炭素固定のための環境林造成や生物多様性の保全が重視されるようになり、マツ以外の樹種も植えるようになってきた。将来必ず問題になる火災や病虫害による破壊を食い止めるためにも、マツの単純一斉林よりも、多種類の植物が共存する天然林に近い森林を作るのが望ましいことはいうまでもない。

そのため、「カサカギの森」ではマツ類やトウヒ、ナラ類、ハシバミ、ハギなど、いくつかの植物を試しに植え始めている。中でも、動物が食べるどんぐりのなるナラ類や鳥が食べる実をつける灌木類は、生態系を回復させるためにも重要な働きをしてくれる。後で述べるように、生態系の回復過程は複雑だが、いったんフルメンバーが顔をそろえると、回復への歯車が自動的に回り出すという原則がある。

日本のスギ林やヒノキ林のように、木材生産だけを狙った森林は森林とはいえず、自然生態系の再生にもほとんど役立たない。それどころか、それ以前にあった生態系を、生物から土壌に至るまで完全に破壊してしまいかねない。最近は中国でも、日本と同じような単純一斉林が造成され始めたので、気がかりである。

一方、環境のための植林は、あくまでも自然の力を引き出すために行うもので、森林化が自然に進むきっかけを作るだけにとどめるべきである。自然条件に恵まれていれば、たとえ、小面積でも、多種類の生物が育ちやすい環境を作ってやるだけで、後は互いに助け合って安定した生態系へと発展するはずである。

図9-5　緑の地球ネットワークが植えてきたマツ林。大きいものは樹高4メートルになり、15年で280ヘクタールを緑化。

木が育つと小動物が寄ってきて、昆虫が受粉を助け、次第にウサギやリス、ネズミが種を運び、ミミズが土を耕す。カビやキノコが落ち葉を腐らせて栄養を作り、共生する菌が植物の成長を支える。大きくなった樹木は他の生物に餌を与え、日陰を作り、乾燥を防ぎ、小さな虫から大きな動物まで、草やシダ、コケから樹木に至るまで抱え込んで、ともに繁栄しようとする。

私たち人間にできるのは、自然の仕組みをよく理解し、その大きな力を引き出すことぐらいである。「自然と共生して森を再生させよう」などと考えるのは、おこがましい。静かに自然を観察し、間違いを犯さないように、試しながら慎重にことを運ばなければならない。わかったつもりで突っ走ると、過去に犯したのと同じ自然破壊の罪を重ねることになりかねないのである。

なぜ、こんな偉そうなことをいうのか。「カササギの森」は、毛沢東時代に「大塞に学べ」という標語を掲げて開墾を奨励し、春になると黄砂が舞う荒地にしてしまった跡である。緑の地球ネットワークでは、ここに一五年近く前からマツを植林し、二八〇ヘクタールに広げてきた。黄土高原全体から見れば、この面積は爪の垢ほどにもならないが、それでも大切な役割を果たしているのが見て取れる。マツは大きくなって日陰を作り、秋になると、色とりどりの草花が咲き乱れ、虫の音が聞こえ、ウサギの糞が散らばり、タカが空を舞い、ほとんど裸地が見えなくなってきた。

しかし、実に不思議なことがある。七年前にマツを植えたとき、一緒に「南天門自然植物園」から持ってきたリョウトウナラとモンゴリナラの苗も植えられたが、ついこの間まで、一向に伸びる気配がなかった。ところが、二〇一〇年に入って、半数近くが新梢を一気に八〇センチも伸ばして立ち上がり始めた。

よく伸びて葉の色が濃くなったナラの下を見ると、必ずといっていいほどチチアワタケが出ていた。元来これはマツの菌根菌で、日本ではナラ類についた例を知らない。しかし、ここでは間違いなくナラの下に出て、ちゃんと菌根も作っていた。マツ同様、中国のキノコもタフで、チチアワタケがナラにも菌根を作るのだろうか。何とも不思議な話である。

これは内緒だが、樹木医さんが変なものがあるといって、白いピンポン玉ほどのキノコを持ってきた。割ってみると、中のつくりはトリュフそっくりである。もし、白トリュフなら素晴らしいということになったが、中国の図鑑にも出ていない。いずれ、来年食味実験してみようということになった。という具合に、「ところ変われば品変わる」、知らないことやわからないことが山のように出てくるのだから、生き物は実に面白い。

山に緑が戻る

二〇〇七年以来、北京から山西省へ、ほぼ同じルートをたどって通っているが、北京に近い河北省ほど山が緑になる速度が速く、山西省のような田舎ほど遅いように見える。私よりも長い間同じ時期に訪れている高見さんや元大阪府立大学教授で代表の前中久行さんも同感だという。この霊丘県ですら周辺の山が緑になり、初めて来たころから見ると、はげ山がほとんどなくなって緑が濃くなったのは確かである。

日本のアカマツ林では、落ち葉かきが止まると土壌が富栄養化し、マツタケが出なくなったが、どこかそのパターンに似ている。化石燃料の使用が増えるにつれて、都マツタケが姿を消し、丹波マツタケから広島マツタケ、岩手マツタケへと変わった。要するに、都市域ほど化石燃料の普及による生活の変化が急で、薪炭の消費量が減るのが早いほど、里山の破壊も早く止まるというわけである。

一九九二年に北京からピョンヤンに飛んだとき、秋の初めだというのに、空から見る限り、遼寧省から朝鮮半島へかけて山が茶色だった。帰りに北京に立ち寄って明の十三陵や八達嶺を訪れたが、長城の入口付近は岩山で、谷あいにモンゴリナラらしい広葉樹がわずかに生えている程度だった。一九九七年の春、初めて大同に入ったころは、季節のせいもあって、まだ周辺の山がひどく殺風景だったのを思い出す。その後も二〇〇〇年代に入るまで緑が増える兆しはなかった。

二〇〇三年にモンゴルへ出かけたときも、まだ上空から見ると、中国の北にははげ山が多く、緑に覆われた地域は少なかった。それが二〇〇九年にウランバートルから北京へ飛ぶと、中国国境を越えるあたりから山が次第に緑色に変わっているのに気づいた。おそらく、最近になって大規模に中国の自然が変化し始めたのだろう。温暖化と気候変動による降雨量の変化なども作用しているかもしれないが、それだけではないらしい。

「南天門自然植物園」の周辺でも、すべての植物が急に勢いづいてきたようである。谷あいでは植生が草本植物から次第に灌木に変わり、花を咲かせる草が減ってきた。樹木の成長も早くなり、一〇年前に植えた木も本格的に成長し始めた。山麓の広葉樹林の土壌には腐植層ができて、表面に団粒構造が見える。ということは、落葉分解菌が増え、土壌動物が戻ってきたという証である。

今中国では、いたるところで緑化が進み、北のほうでは「魚鱗工」と称して岩だらけの斜面に石で土止めをし、ビャクシンなどの針葉樹を一斉に植えている。ただし、間隔が広いので、灌木や草が生えやすく、植林木が緑化速度を早めているように見える。事実、ビャクシンだけを植えた植物園近くのはげ山でも、数年で灌木が侵入し、草と競争するように伸び始めた。

「南天門自然植物園」の山麓では、事業が始まった一九九九年に植えられたアブラマツが伸び始め、平均樹高二・五メートル、最大四メートルになっている。ただし、場所によって差が大きい。三年生の苗を植えたそうだが、地際から数えて四番目の節間が五センチ、次いで、一〇・五、一〇・〇、二〇、三五、四七、五〇センチと、年を追うごとに成長量が増えている。マツの樹高成長は明らかに三年前からよくなり、枝張りも三メートル近くになって、これから本格的な成長が始まるようである。

事務所の前の斜面に植えられたアブラマツの林でキノコを採集し、菌根を調べてみた。根にはきれいな白い菌根が形成されており、ヌメリイグチとチチアワタケ、ゴヨウイグチに近いキノコが出ていた。菌根菌が顔を出すと、木のほうも勢いよく成長し始めるのは、どこでも同じである。

水条件がよい山麓や北斜面だけでなく、乾燥する南斜面でも植栽されたマツの成長が良好になり、成長が加速し始めた。また、シラカンバの天然生えや植栽したものもよく成長しており、リョウトウナラとモンゴリナラの成長も、年五〇センチと近年目立ってよくなっている。前中さんの報告[7]によると、調査区のある中腹でも灌木に代わってナラ類が優勢になり、林床植生の変化が始まっているという。ナラ類の実生も確実に増えている。放牧によって抑えられていた潜在植生が復活し始め、ナラ類を主とした二次林へ移行し始めたのだろう。

これは植物だけに見られる現象ではない。二〇〇九年と二〇一〇年、しかも年一回限りの調査で云々するのは問題だが、広葉樹に菌根を作るフウセンタケ属、アセタケ属、ベニタケ属、チチタケ属のキノコ類をよく見かけるようになった。若木に菌根を作りやすいニセショウロ属やキツネタケ属も発生しているので、芽生えが増えてナラやマツの類が成長するにつれて、菌根菌の種類も増えていくことだろう。[6]

小型のモリノカレバタケ属やホウライタケ属、カラカサタケ属、カヤタケ属、ナヨタケ属などの落葉分解菌や枯れ枝につく木材腐朽菌も増えているので、腐生菌も増え、全体に菌類相が豊かになってきたように見える。大型のハラタケ属のキノコも発生していたが、これはおそらく家畜糞についていたものだろう。一方、植物やキノコにつく昆虫も増えて、表土に団粒構造ができ始めていることから、おそらく、動物相も連動して変化し始めたと思われる。

このような森林生物相の変化は、分解者が活動する表層土壌に表れやすい。調査区の近辺で簡単な土壌調査を試みると、面白い傾向が見られた。北斜面では母岩が風化した角礫や岩石が基盤になり、その上に四〇—五〇センチのやわらかい鉱質土層が堆積している。落葉など、有機物の堆積量はまだ少なく、落葉が移動して裸地になった場所とたまった場所がモザイク状になっている。

落葉がたまっている表層では粗腐植層（F層）の発達が悪く、単葉が白色もしくは褐色に腐っている程度である。落葉分解性のキノコ類はいずれも小型で、大きなコロニーはまだ認められない。落葉分解が本格化するには、もう少し時間がかかりそうである。

深さ一五センチの腐植が混じった表層には、小動物の糞らしい細粒状の構造が見られた。寒冷地でも夏に高温が続くと、アルカリ性土壌の場合は、ミミズなどの土壌動物が活動している可能性がある。

さらに深い層には発達した構造がなく、腐植の混入もないが、暗色でやわらかく、細い根が張っていた。太さ二、三ミリ以上の根が下の礫層に深く入るので、乾燥に強いのだろう。細根は表層全体に多く、均等に分布しているが、菌根はまだ少ない。急速によく伸び出したのは、直根やシンカー根の発達がよくなったためかもしれない。

一方、南に面した日向斜面ではナラ類が少なく、トネリコが優先しているが、成長が悪く、落葉層も薄い。角礫の混じった乾いた表層には草の根が多く、乾いたところは草に覆われている。放牧していたころ、ヒツジやヤギが歩いた跡が階段状になって、今でも土壌の回復が遅れているように思えた。一般に日向斜面では放牧の痕跡が強く残っている。

最近、中国北部や内モンゴル、モンゴルなどで過放牧が問題になっているが、制限を加えることはかなり難しい。農業ができない地方の人々にとって、牧畜は唯一の生産手段であり、すべての生活が家畜に依存している。放牧の禁止は単に生活の転換だけでなく、伝統的な暮らしや文化を捨てることになるので、外国人がくちばしを挟むのは考えものである。

たまに現地を訪れると、ヒツジやヤギが広い地域に米粒のように点在し、のどかに草を食んでいるように見えるが、放牧による影響はきわめて大きい。逆に、放牧をやめると、たった一〇年で森が戻り始める。私たちは、放牧をやめると、山に緑が戻ることを実感してもらい、現地の人が環境問題に関心を持ってくれるように努めなければならないと思う。

生態系の回復過程

火山の噴火で裸地になったところや、砂丘、氾濫原などで生態系が遷移する過程はよく研究されている。しかし、人の手で破壊されたり、病虫害で破壊されたりした生態系が回復する過程を調べた例は意外に少ない。放牧を禁止した後の植生変化については、モンゴルや中国で調査されているが、生態系全体をとらえたものはない。

そこで、マツ食い虫被害跡地や山火事跡、伐採跡など、これまでいくつかの例を観察してきた経験から、一つの仮説を立ててみることにした。できれば、どこかで土壌や生物相だけでなく、気候や水の変化なども含めた生態系の回復過程を調べてもらいたいと願っている。かつての「国際生物事業計画（ＩＢＰ）」のように、破壊原因に応じて、異なる気候帯で調査研究が実施されれば、今のように単に木を植えるだけでなく、合理的な森林再生方法を作ることができると思うのだが。

残存した植物とそれに随伴する生物相が自然生態系へと回復する過程には、いくつかのパターンがあるように思われる。その初期の流れを整理してみよう。

回復初期の変化

①　潜在植生の回復、保水力の増加　⇓　②　落葉、根などの増加　⇓　③　微生物の基質の増加と繁殖　⇓　④　小動物の増殖　⇓　⑤　優先樹種の繁茂と根の増加、水分保持力の増加　⇓　⑥　菌根菌や落葉分解菌の増加　⇓　⑦　大型土壌動物の増殖　⇓　⑧　土壌の団粒化と有機物層の発達、土壌の湿潤化　⇓　⑨　根系拡大と植生の複雑化　⇓　⑩　捕食動物の増加と侵入

以後、生態系は複雑になり、安定状態に入る。これらの過程は環境条件によって重なり合って進展したり、時には順序が逆転したり、ある過程が欠落したりすることもありうる。植林した場合は土壌の回復過程が不完全で、生物相が偏り、必ずしもこのようにはならない。次に生態系自体が成熟していく段階を分けると、次のようになるだろう。

生態系の成熟過程

第一段階「生態系の構成メンバーが出そろう」　生産者、消費者、分解者がバランスをとりながら、生物の種と数が次第に増加する。生態系の成熟曲線をS字状カーブで描くと、ラグフェーズに当たる。南天門植物園の現在の状態はこれに近い。推定林齢は三〇—五〇年。

第二段階「生態系の循環系が稼働し始める」　生産と分解がバランスをとって進み、生態系内部で物質循環が稼働し始める。それに伴って生物種がさらに増加し、次第に適応しないものが追い出されて淘汰される。二次林とされる段階で、林内環境に適応した種が優占し、植生遷移が進む。推定林齢五〇—一〇〇年。

第三段階「優占種の成長が持続して生態系が成熟する」二次林の優占種が減って、環境条件に適した本来の優占種が繁茂する。階層が出来上がって複層林になり、生態系は安定状態に近づく。それに伴って動物や菌類、微生物などの活動が活発になり、生態系が成熟段階に達する。推定林齢一〇〇—三〇〇年。

第四段階「生態系が崩壊する」環境条件の変化に左右され、樹種構成によって異なる。また、単純林や複層林など、森林の構造によっても異なる。老齢化した優占種が自然災害、病虫害などで枯死し、それに随伴していた生物が消滅する。林内環境が急激に変化するため、生態系の崩壊は早い。気候変動や病虫害の大発生がなければ、崩壊は徐々に進行するが、現在のように自然災害が多いと、推定林齢一〇〇年未満でも十分見られる現象である。

したがって、今、回復し始めた、この二次林が完全な自然状態に戻るには、少なくとも三〇〇—四〇〇年か、それ以上かかると思われる。森林を破壊するのはたやすいが、いったん破壊した自然生態系をもとに戻すには、途方もない時間がかかる。そんなことを知ってもらうための説得材料が生み出せれば、この植物園の意義は大きい。

大いなる矛盾

狭い四つの島にあふれるほど人を乗せ、乏しい資源を目いっぱい使って生きてきた日本という国は、近代になるまで世界でも珍しい存在だった。最近、吉村昭の『海の祭礼』[8]という小説を読んでいたら、面白い一節があった。一八五三年、黒船に乗ったペリー提督が強引に江戸湾に入り、開国を迫ったときの話である。

ペリーが通商貿易は国に莫大な利益をもたらすので、ぜひ開国すべきだと言ったときの林大学頭の返答が立派だった。首席代表の林は、「確かに交易は国に利益をもたらすものでありましょう。しかし、元来我が国は自国に産する物のみによって十分に足り、外国から物品を運び入れなくとも、少しも事欠くことはありません」と答えている。

アメリカやイギリス、ロシアなどが日本に開国を迫ったのは、交易するためではなかった。当時は彼らから見て、取引する価値のある物資が、日本にはほとんどなかったのである。貿易相手国としては、資源と需要を無限に持っている中国のほうが、よほど魅力的だった。今でもその事情は少しも変わらない。

開国を迫った真の目的は、日本近海に進出してきた捕鯨船に燃料や水、食料などを提供させることだった。欧米諸国で盛んになった捕鯨は、燃料用の油やマッコウクジラからとる抹香油、ペチコートに入れるひげなどのためで、肉は捨てられていた。一八五〇年代に入ると、大西洋のクジラを獲りつくして、捕鯨船団が太平洋からクジラの多い日本近海に押し寄せていたという。ところが、石油が発見されると、たちどころに捕鯨をやめてしまい、今は逆に鯨の保護運動に熱中しているのだから、いい気なものである。しかも二十世紀までアメリカ大陸ではゲームのためにバッファロー狩りをしていたのだから、何とも救いがたい。

とはいえ、日本も明治維新以後、欧米先進国の後追いをして近隣諸国を攻め取り、経済発展を遂げて地球を汚すのに加担してきた。だから、あまり大きな口はたたけないが、そろそろ反省して方向転換を図るべき時期にさしかかったように思える。しかし、残念ながら、現実はいまだに欧米一辺倒で、資源を浪費し、金銭に追い回される情けない状態のままである。

黒船が来たころの日本の人口は今の約四分の一、三三〇〇万人だったが、飢饉の年以外、人が飢え死にすることはまれだった。確かに雨量の少ない瀬戸内や近畿地方の都市周辺では、燃料採取のためにはげ山が広がり、洪水も多かったが、それでも地中海地方や中近東のように岩盤がむき出しになるほど、荒れ果ててはいなかった。それが可能だったのは、海に囲まれた温和な気候と豊富な降水量、火山灰という肥沃な土壌に恵まれ、農業開発が難しい傾斜地が多く、全土を森林に覆われていたからに他ならない。

よくいわれるように、人間の生き方や文化、宗教は、自然環境にしたがって独自の発展を遂げてきた。日本では、自然を敬う古来の神道に殺生を禁じる仏教が加わり、「山川草木悉皆仏性」とされる自然観や宗教観が出来上がっていた。また、「もったいない」精神が徹底していたのも、森林が温存された理由の一つだろう。

石炭や石油ガスなどの化石燃料が大量消費されるまでは、世界中どこでも森林が重要なエネルギー源だった。人間が暮らしやすい北半球の温帯では、文明が早くから発達し、それだけ森林破壊の速度も速く、その程度も激しかった。鉱工業が発達すると、家庭用燃料に加えて工業用の薪炭消費量が増え、加速度的に自然が破壊された。

一方、暑い熱帯や寒い極地では人口がさほど増えず、文化の成熟も遅れたために森林が長い間温存されてきた。実際、熱帯では調理に火を使うだけで、暖をとる必要がない。ただし、最近は経済発展が著しい東南アジア諸国でもオフィスの冷暖房が完備し、人が働く時間も長くなっている。さらに、車社会に変わってきたので、化石燃料の消費はむしろ温帯より多くなっているかもしれない。最近では、化石燃料を確保し、経済発展を続けるために森林が破壊されているのである。ここにも一つの矛盾が見られる。

経済発展とは、人の暮らしが豊かになるだけでなく、エネルギーを消費することでもある。現在、資本主義による市場経済は膨張の一途をたどり、とどまるところを知らない。歴史的に見ると、捕鯨と石油の関係に見られたように、エネルギー源が人類の生活と自然とのかかわりを大きく変えてきたといえる。

日本でも明治以後、防災と土地保全のためにはげ山を緑化してマツ林を広げた時代があった。その結果、全土にマツタケが大発生し、アカマツ亡国論が叫ばれるほどになった時期がある。ところが、一九六〇年代を境にして、石炭、石油、ガスなどの化石燃料や化学肥料が普及し、燃料採取が止まると、たちどころにマツ林が富栄養化してマツタケが消え始めた。ちょうどこのころは、日本が経済大国への道を登り始めた時期だった。

さらに、追い打ちをかけるようにマツ材線虫病が蔓延し、アカマツやクロマツの枯れが西から東へと日本列島を通り抜けた。マツが消えた後にはナラ類やシイ、カシなどの広葉樹が茂り、一見何事もなかったかのように見えたが、今はまた、その広葉樹が枯れている。日本の自然は、人とのかかわりの中で大きく変貌し、人の手を離れて原始の時代に戻ろうとしているかに見える。一体、これからどうなるのだろう。

どの国でも、経済発展はエネルギー利用形態と密接につながって進行する。経済的ゆとりができて、プロパンガスや灯油、石炭などの化石燃料が社会の末端まで届くと、薪炭材の採取が止まり、数年で山に緑が戻る。畜産業を主とする地域では、生活レベルが向上するとタンパク質の消費量が増え、高品質の食肉や乳製品が市場に出回る。その結果、飼育法が変わり、放牧をやめてトウモロコシやダイズなどの濃厚飼料で早く肥らせるようになる。最近、中国北部や東北部ではトウモロコシやダイズの栽培面積が広がり、食用油と家畜用飼料の生産が盛んになっている。内モンゴルやモンゴルでも都市近郊では同様の現象が進んでいる。

近年、中国では農地開発の行きすぎを改めたため、地方政府があちこちに「放牧禁止」の看板を立て、「緑色一〇〇年」というスローガンを掲げている。これは、環境問題解決のために放牧地を減らし、森林化を図る政策の一環である。その結果、次第に荒れ地や放牧地が放棄され、農村人口が都市域へ流出するにつれて、山野に緑が戻るというわけである。

　ここ半世紀ほどの間に、化石燃料を使えば使うほど、人間が山野から離れれば離れるほど、森林化が進むのを目の当たりにしてきた。これこそ、人類が陥った「大いなる矛盾」なのである。共生の原理に支えられて群落を作る植物と、植物を餌として競争の原理に生きる動物、特に人間は相いれない存在である。もし、本気で自然との共生を願うなら、よほど強く欲望を抑えた生き方をしない限り、「自然に優しい生き方」の実現は不可能だろう。皮肉なことに、人類さえいなくなれば、山は緑に帰るのである。

10 未来へ向けて

先祖の遺体を燃料に

化石燃料とされる石炭、石油、天然ガスはもちろんのこと、石灰岩や鉄鉱石、珪藻土なども大部分過去の生物が作ったものか、生物遺体そのものである。私たち人類は過去の生物の遺体に頼って、いいかえれば、ご先祖の遺体を掘り出して、つかの間の繁栄を謳歌しているにすぎない。

化石燃料の中でも、石炭は三億五四〇〇万年前に始まった石炭紀から二畳紀、三畳紀、ジュラ紀、白亜紀を経て、三〇〇〇万年前に終わった古第三紀まで、約三億年の間に蓄積された、さまざまな植物の遺体である。石炭紀前期はきわめて湿度が高く、高温だったが、後期には気温が下がり、降水量が減って湿度が下がったという。そのため、低地に広がった大森林が二酸化炭素を固定して酸素を放出し、次第に多種類の生物が現れることになった。また、巨大化した植物が腐らず、埋もれて大量の石炭ができ始めた。その後もジュラ紀から古第三紀にかけて、氾濫原などに植物が堆積し、石炭がたまっていった。

ちなみに、現在の地球の大気組成は窒素七八・〇八パーセント、酸素二〇・九五パーセント、アルゴン〇・九五パーセント、二酸化炭素〇・〇三五パーセント、その他〇・〇一パーセントである。しかし、もとからこうだったわけではなく、デボン紀の中ごろまでは二酸化炭素の濃度が高く、〇・五パーセントを超えていた。逆に酸素濃度は低く、一五パーセント程度だったらしい[1]。

その後石炭紀から二畳紀にかけて植物が繁茂したため、酸素濃度が三五パーセントまで上がり、恐竜の時代になった。気候条件が変化すると、炭酸同化作用によって炭素が有機物の形で植物体、特に樹木に蓄積され、大気中の酸素が増える。餌になる有機物と酸素の増加は、分解者と消費者である微生物や動物の増殖を促し、植物遺体は分解されて残りにくくなり、石炭もできなくなる。いわゆる物質循環が作動するようになった。酸素が増えると火がつきやすくなるため、おそらく火災も多くなったことだろう。

植物に蓄積された炭素は、たぶん、セルロースやリグニンの分解者であるキノコ類が、まだ十分進化していなかったためか、腐らないまま地中に埋もれて石炭になり、その結果、炭素が封じ込められることになったと思われる。石炭は、二酸化炭素を封じ込めるために地球が作り出した、巨大な炭素貯留装置だったのである。

石油や天然ガスの場合は、石炭と違って、水で運ばれた動植物や藻類微生物などの遺体がたまり、地下で化学変化を起こしてできたといわれている。そのため、石油や天然ガスは過去に大きな川が流れ込んでいた下流域の地下深くに埋蔵されており、砂岩や泥岩などの間にたまっている。しかし、これも石炭同様、炭素を含んだ有機物で、程度の差こそあれ、燃焼すると二酸化炭素や有害物の排出源になる。

このように、化石燃料の生成から貯留、燃焼までを考えてみると、今人類がいかに大きく地球環境を撹乱しているかがよくわかる。おそらく、石炭紀のころまで地球上の炭素の大部分は、二酸化炭素の形で大気中にあった。それが、次第に光合成によって植物体に固定され、石炭のような化石になって地中に埋もれていった。いいかえれば、大気中に多かった炭素が、生物体と地中に移行したのである。

産業革命以後、人類が化石燃料を掘り出すまで、最大の炭素貯留槽は地下にあった。しかし、それが今、急速に二酸化炭素の形で大気中に戻り始めている。今や我々人類は、この地球上の炭素の分配率を大幅に変えようとしているのである。これは地球に大変動を起こさせる、とんでもない行為なのだが、人はまだ一向に反省する様子もない。

つまるところ、我々人類は過去二〇〇年ほどの間に、地球が三億年かけて封じ込めてきた生物の遺体を掘り出し、その怖さも知らずに、どんどん燃やしてしまったのである。燃せば燃すほど、人間どころか恐竜もいなかった時代の大気の状態に逆戻りしていく。これでは、しっぺ返しを食らうのも当然だろう。

化石燃料と電力

一五年間、関西電力の子会社に在籍したおかげで、電力など、エネルギー問題に接する機会が多く、「門前の小僧習わぬ経を読む」という程度になった。勤め出して間もないころ、まず電力事業とその燃料消費の巨大さに驚かされた。産業としての規模も、動くお金も農林業などとは桁違いの大きさである。

まず、最初に京都府舞鶴市に新設された出力九〇万キロワットアワーの発電所を一年間稼働させるために、木質燃料を燃したとすると、京都府の山が一年ではげ山になると聞かされた。化石燃料によるエネルギーとバイオマスエネルギーや自然エネルギーは次元の違う話なのである。

石炭、石油、ガスなどを燃料としている火力発電所は、日本全国で八二カ所、休止しているものもあるが、電力が不足する夏には稼働率が上がる。おそらく、この八二カ所の発電所が山の木を燃やして発電したら、日本列島は一年もしないうちに丸裸になってしまうだろう。将来、真夏日が多くなればなるほど、電力消費量が増え、温室効果ガスが増える結果になる。

もし、今でも石炭や石油が乏しかった産業革命前後の状態で、薪炭（バイオマス）だけに頼って暮らしていたら、どうなっていただろう。世界中の山は、とっくの昔に丸はげになっていたはずである。到底、現在のような膨大な人口を養うことはできなかっただろう。洪水や山崩れなどの災害に見舞われ、森林が消えて、水の循環や大気の状態が狂って温暖化が進み、資源を奪い合う紛争が絶え間なく起こったことだろう。

ちなみに、日本の総発電量は、二〇〇五年度で九四四七億キロワット時、世界第六位である。その中で火力発電の占める割合は五七・四パーセントと最も高く、そのうち液化天然ガスが二六・二パーセント、石炭が二二・二パーセント、石油が八・六パーセントを占めている。水力発電は九パーセントで、新エネルギーとされる風力発電や太陽光発電、バイオマスなどは、まだ二・四パーセントにとどまっている。[2] ちなみに原子力発電は三一・二パーセントを占めている。二〇〇九年に政府が打ち出した「二酸化炭素排出量二五パーセント削減案」を実現するためには、大きなエネルギー政策の転換が必要だが、具体策はまだ見えていない。

一方、エネルギー源に乏しい日本は、水力以外、発電のための燃料を一〇〇パーセント近く外国からの輸入に頼っている。そのため原子力発電を推進して低炭素社会を実現させようという声も大きいが、肝心のウランも輸入に頼らざるを得ない。

日本の原子力発電装置は現在稼働中のものが五二基で、発電量の約三分の一をまかなっており、次第に原子力発電が発電事業の中核になり出している。しかし、このところ事故や地震、廃棄物処理など、不安材料が相次いで発生し、「絶対安全」という公式見解が揺らいでいる。また、核廃棄物の最終処分やプルサーマルの導入についても、国民的合意が得られているとはいえない。周知のとおり、世界的にも原子力発電を推進する傾向が強いが、自然災害による事故や核兵器開発の恐れなど、「脱原発」の声も多く、難航している。

どの国も、自国で生産される資源を優先的に使うため、発電用化石燃料の消費状況は国によってかなり異なっている。二〇〇四年度の火力発電に用いた石炭の比率を見ると、[1] 石炭産出国の中国、アメリカ、ドイツ、イギリスでは、それぞれ六二、五〇、四七、三三パーセントとなっている。一方、石炭がないフランスでは八〇パーセントを原子力に頼っており、その電力をＥＵ諸国に売っているため、ＥＵ全体としては化石燃料の比率が低くなっている。

石炭や重油は温室効果ガスの排出だけでなく、当然硫黄酸化物や窒素酸化物などの発生源にもなる。そのため、ガス化や液化、有害物質の除去装置の開発などが進められているが、石炭は他の燃料に比べて埋蔵量も多く、安価なため依然として世界的に発電用と鉄鋼生産用燃料の主力になっている。石炭の消費は、発展地上国で今後も増え続けるため、世界中の大気、土壌、水が汚染し、さらに樹木が枯死する原因になりかねない。

もちろん、火力発電だけが悪いのではない。化石燃料が使われている先は電力が約四割で、残りの六割はコークスやガス、ガソリン、灯油、軽油、重油などの形で、製鉄や機械の動力、自動車、暖房など、直接燃焼に使われ、合成樹脂などの加工に回されている。化石燃料は家庭生活の隅々までエネルギーや素材として浸透し、被害者だと思われていた農林水産業はもちろん、あらゆる食品の生産・加工も化石燃料抜きでは考えられなくなってしまった。今や化石燃料に頼らない暮らしは、地球上に存在しないといったほうが正しいだろう。化石燃料の現状と将来については、詳しい解説があるので、それを参照されたい。[3]

しかし、化石燃料は限りある資源で、無尽蔵ではない。この調子で大量消費が続けば、一〇〇年もしないうちにほとんどなくなってしまうだろう。二〇〇二年に出された世界のエネルギー資源の確認可採埋蔵量を見ると、[4]石油はあと四一年、天然ガスは六三年、石炭は二一二年、ウランは七二年しかもたないそうである。そのときどうするのか、今のうちに十分策を練っておく必要がある。

五〇年前、まだ私が学生だったころの生活を思い出してみると、その落差は大きく、まるでタイムマシーンで旅したような違いである。きつい労働から逃れて、あらゆることが便利になり、飽食できるようになったのは化石燃料のおかげだった。しかし、それもつかの間、私たちはすでに破滅の淵に近づいているのである。

要するに、環境問題はほとんどエネルギー問題であるといっても過言ではない。当面する環境問題を回避し、将来に備えようと願うなら、エネルギーの生産方法とその使い方を大きく転換する必要がある。そのためには、節電に努め、ガソリンや灯油、ガスなどの浪費を慎まなければならない。

風力発電や太陽光発電は最近訪れる機会が多い中国では急速に広がっている。おそらく、今後は世界の趨勢にしたがって、さらに強力に推進する必要に迫られるだろう。そのほか、渓流の多い日本では小規模水力発電が可能であり、治山用ダムの活用も考えられる。また、火山の多い日本には、地熱という莫大なエネルギー源が眠っている。地熱発電の開発はほとんど止まっているが、エネルギー危機が到来すれば、間違いなく有力な資源の一つになるだろう。

バイオマス発電には問題も多いが、現在の日本では間伐材や枯死木など、木質資源が捨てられている。これを家庭用や農業用などの暖房に活用する仕組みを作ることも大切である。熱効率のよい燃焼器具を普及し、薪などの供給システムを作れば、火を使う人間本来の生活を見直し、自然への理解を深めることにもつながる。いずれ、灯油や重油は値上がりし、手に入りにくくなるはずだから、今のうちに、教育を通じて子供たちのために準備しておくことも無意味ではないだろう。

環境問題には加害者も被害者もない。人類全体が気候変動を未曽有の地球規模の問題としてとらえ、責任を共有すべき段階にきたと思う。しかし、遺憾ながら、いまだに議論ばかり盛んで、実生活では享楽状態が続き、温暖化対策もほとんど実行されていないのが現状である。

炭を使う集約農業を世界に

エネルギーと並んで、もう一つの重要問題、農業と食糧について考えてみよう。農業は「自然に優しい」と言いたいところだが、環境という点から見れば、「自然に優しくない」場合が多い。まず、耕地を拓くためには森林を破壊するので、炭素吸収源を減らすことになる。土を耕すと、酸素が入って有機物の分解が進み、二酸化炭素が大量に放出される。また水田のように、場合によっては温室効果ガスのメタンや亜酸化窒素が発生する場合もある。

牧畜が盛んなオーストラリアや欧米各国、中南米、中国北部やモンゴルなどでは、森林を草地に変えて家畜を放牧している。食生活が豊かになると家畜の飼育頭数が増え、草地が広がり、木や草も徹底的に食べられてしまう。放牧はいかにものどかで、草原は自然の風景のように見えるが、これも大きな二酸化炭素排出源なのである。おまけにウシのゲップにはメタンガスが含まれており、糞尿が川の水を汚し、硝酸態窒素による地下水汚染も問題になっている。オーストラリアで「ステーキを食べるのをやめたら、温暖化対策になる」と言ったら、水田からもメタンが出るので、「イネの栽培をやめたら」という答えが返ってきた。国にはそれぞれの事情がある。互いに内政干渉どころか、固有の文化にくちばしを挟むことになるので、問題は微妙である。

林業や水産業の場合は、自然に育ったものを収奪し続けてきたのだから、少なくとも二〇世紀後半までは、自然破壊の元凶だったといえるだろう。ようやく、その行きすぎに気づいて、世界中でパルプや用材などをとるための産業植林や養殖漁業が盛んになり始めたが、そこではまた、生物多様性の撹乱や地力の減退、食品の安全性や水質汚染など、新たな問題が生じている。

最近、生物生産物、いわゆるバイオマスをエタノールやディーゼルオイルなどに変換して使う再生可能エネルギーの開発が盛んになっている。農作物からバイオマス燃料を作るためには、新たに農地を開発してエタノール用にトウモロコシやサトウキビを、バイオディーゼルにはダイズやナタネ、ヒマワリなどを栽培しなければならない。

木材を原料とする場合は、天然林を伐って成長の早い木に植え変え、一〇年以内で伐採し、高度な機械や薬品を使って製品化しなければならない。結局、ブラジルでのように、森林を伐採して耕地に変え、サトウキビやトウモロコシの大プランテーションを拡張することになってしまう。その結果、生物生産性の高い熱帯雨林地帯で森林破壊がさらに加速することになるというわけである。

バイオマス利用が進むと、食糧や飼料の生産が減って、すでに始まっているように、コムギ、ダイズ、トウモロコシなどの国際価格が高騰し、それが食品の値段をつり上げる。家畜や養殖魚の飼料も不足し、肉や乳製品、魚にまで影響が及んでくる。生産農家だけでなく、消費者にも負担がかかり、特に発展途上国では食糧危機に陥る恐れがある。

もし、レジャーで乗り回している車にバイオエタノールが使われているのを知ったら、飢餓に苦しむ人たちはどう思うだろう。ここでも、食糧とエネルギーの間の矛盾が顕在化し始めた。食糧供給に格差が生じると、紛争の種になり、間違いなく戦争へとエスカレートしていくのである。

要するに、この狭い閉鎖系の地球上で人間がひしめき合って生きていこうとすれば、必ずどこかに矛盾が生じる。「環境、食糧、エネルギー、人口」の連鎖が近代社会の中でますます複雑化し、グローバル化して手に負えなくなってしまったのである。しかし、私たち動物は、生きている限り食べなければならないのだから、どうすればいいのか、真剣に考えておかなければならない。

化石燃料の消費がもたらす影響は温暖化や大気汚染だけではない。気候変動による異常気象は食糧生産を不安定にし、現在のような自由貿易を根底から崩しかねない。さらに、大規模な山火事や洪水、山崩れや土壌侵食や風蝕をひき起こし、農耕地や森林に害が及び、長期的に食糧や木材の生産に壊滅的な打撃を与える。また、気候変動とのかかわりは定かではないが、鳥インフルエンザや鯉ヘルペス、口蹄疫のように家畜や魚にもウイルス病が広がり、作物や果樹類にも新手の病気や害虫が出始めた。

一方、人間にも新型インフルエンザやエイズ、エボラ出血熱などのウイルス病が発生し、これまで経験したことのない地域でデング熱やマラリアなどの熱帯病が蔓延する恐れが出ている。また、人口が増えると食糧が乏しくなり、栄養失調に見舞われて伝染病にかかりやすくなるので、アフリカなどでは飢餓と同時進行する疫病が心配されている。近い将来、世界的に自然を破壊することなく、食糧を供給して飢餓をなくし、平等に分配する農業技術とそれを押し進めるシステムが必要になるだろう。

歴史的に見ると、人口密度の高い東アジアでは、古来稲作中心の農業が発達し、狭い面積で高い収量が得られる集約農業技術が育っていた。今は嫌われているが、人糞尿や家畜のし尿から草や落ち葉、作物残渣、ごみやヘドロ、モミガラくん炭や木灰に至るまで、あらゆるものが肥料や土壌改良材として使われていた。私が子供のころでさえ、化学肥料や農薬はまったくなかったが、それでも人が食べていくだけの食糧が確保されていたのである。今でも有機農業に精通している人たちは、その伝統的農法に改良を加えて、立派に作物を生産している。

人手が余っていたとはいえ、輪作によって連作障害を避け、間作して病虫害を防ぎ、二毛作や三毛作を実践して多角的な栽培体系を維持していた。欧米の牧畜中心の農業とはまったく異なるシステムによって、膨大な人口を支えてきたのである。特に、日本で発達した里山を含む集約農業技術は、二〇五〇年に九〇億を超えるといわれる人口を支えることができる、数少ない手段の一つになるだろう。

化学肥料と農薬に頼る大規模農業は、すでに連作障害や塩性化、土壌流亡などの原因になり、生産基盤を破壊し始めた。バイテクを駆使したとしても、飛躍的に単位面積当たりの収量を上げることは難しく、あと数十年先に迫った食糧危機を乗り越えるのには、到底間に合いそうもない。先にも述べたように、その点で炭素の塊である炭を土壌改良に用いる農業は有望である。これは炭に少量の肥料を加え、微生物を介した根の養分吸収能力を高め、肥料の節減と炭素の封じ込めを同時に図ることができる方法である。

最近、持続的な農業生産を可能にし、同時に炭素を地中に埋める「バイオチャー」農業に世界が注目し始めた。これは、日本で始まった炭を使う集約農業技術を世界に広げる、またとない機会でもある。日本には有機農法や自然農法など、伝統に基づく集約農業技術が残されており、それが九〇億を超える人類を救うのに役立つなら、以って瞑すべしである。食糧自給やTPP問題よりも、そのほうがよほど重要と思うのだが。

今、木を植えよう

バランスがとれていた自然生態系が成熟して飽和状態に達すると、その一部にひずみが生じ、崩壊への連鎖反応が始まる。生態系を構成していたもののうち、その末端から次第に絶滅する種や群れが出始める。絶滅危惧種の多くは、生態系の端にいるものだが、今それが明らかに減り始めている。いわば、自然生態系にひび割れが入り始めたのである。

近ごろ、絶滅危惧種や生物多様性が問題にされているが、消えているのは珍しい生物だけではない。森林を作るもとになっていた生産者の樹木が大量枯死し、ごく身近のありふれたものが、次第にその数を減らしている。それが何を意味しているのか、不気味としかいいようがない。

動植物や微生物が主体の自然生態系同様、ヒトを含む社会、人間生態系もヒトだけで成り立っているのではない。無機的環境から生物的要素やヒトが作り上げたものまで、すべてを巻き込み、時代とともに進化してきた。この膨張し続ける人間生態系にも、やがて限界が訪れるはずである。

人間生態系のひずみはどこから始まるのだろう。最近頻発し始めた気候変動もその一つかもしれない。冒頭にも書いたように、温室効果ガスによって引き起こされた気候変動は、二〇一一年の猛暑に見られた通り、ますますエスカレートしている。このひずみから、一体どのような連鎖反応が始まるのだろう。

「自然との共生」という言葉がよく使われるが、私には人間と自然が同列にあるとは、とても思えない。我々人類は、人間生態系が膨張しすぎたことを問題にするより、むしろ「科学は善、進歩は正義」と信じ、それを誇りに思って欲望のままに暴走し続けてきた。人間社会のことは、すべて人の手で解決できると自惚れて、重大なひずみに気づかず、破滅へ向かって突き進んでいるように思える。もう一度、自らの生き方を見直し、生命に対する畏敬の念を新たにして、自然の中に抱かれていることを自覚する必要があるのではないだろうか。

地球環境問題は「風が吹けば、桶屋がもうかる」のことわざ通り、一見関連がなさそうに見える事象が複雑に絡み合って生じている。そのため、ひずみを修復しようと思って、その一部をてこ入れしても、根本的な解決には程遠いのが常である。「どうにでもなれ」とあきらめるか、「それでも何とかしよう」と考えて行動に移すか、それはあなたの意思次第。一念発起したら、躊躇なく行動に移すことが肝要である。今、「木を植えてみよう」と思ったら、すぐ近くのグループを探していただきたい。必ずあなたと同じ志を持った人が、すぐそばにいるはずである。

私に残された時間は、もうわずかだが、未来のために頭を使って知識を残し、体を使って少しでも働いておきたいと思う。木を植えるという行為は、今すぐあなたのために役立つことではない。まして環境植林は木材をとるための投資ではない。父祖たちが自分の利益も考えず、子や孫のためと思って植え続けてくれたおかげで、日本の山はとにかく青々としているのである。スギ花粉症には悩まされているが、その緑が私たちの快適な生活を支え、健康を与えてくれていることを忘れないでほしい。

私にできることは、炭を土に帰すことやキノコを使って木を植えることぐらいである。しかし、世界各地を歩いて、起こっている気候変動や自然の荒廃を目の当たりにすると、じっとしていられなくなってきた。

ただし、地球を救うために、「木を植えよう」と口にするのは簡単だが、この仕事は生やさしいものではない。森林破壊がマスコミに取り上げられる機会は多いが、私たちも含めて、環境植林を事業として成り立たせた例はまだ少ない。植林方法についても、いろんなケースを取り上げ、植え方や管理方法を試行錯誤してきたが、まだ完成したといえるほどのものはない。まして、長期間にわたって植林地の二酸化炭素固定量を測定し、植林の効果を実際に観察した例は皆無に等しい。

環境植林を現実問題としてとらえるとき、技術研究の段階はクリアーできても、そこから事業展開させるという次の難関が待ち受けている。残念ながら、環境植林とは、技術や知識だけでなく、人手と金と時間が途方もなくかかる仕事なのである。

どう考えても、先進国、後進国のいかんを問わず、これまで森林破壊に手を貸してきた各国政府や企業が、もっと本腰を入れて真剣に取り組む覚悟をしない限り、環境植林事業は実現しないだろう。地球環境問題は経済と両立するという人もいるが、こと森林再生に関する限り、絶対に両立するはずがない。それどころか、一方的な賠償行為に等しい奉仕事業にならざるを得ないのである。外国の荒れ地に木を植える仕事は、初め夢見たほど甘いものではなかったというのが、二〇年後の実感である。

最近、海外植林活動のあるべき姿は、与えられた場所で自然がもとの姿に戻るきっかけづくりをすることではないかと思うようになった。いったん破壊された広大な地域を、すべて人手で緑に帰すことは、どう見ても不可能である。自然の力に沿って、森林再生の動きを手伝うのが、人間としてできる精一杯の地球に対する罪滅ぼしだと思う。

環境植林事業は、単一の組織が取り組むには問題が多すぎて、効果が上がりにくい。私は最近、私たちと同じように経験を積んできたボランティア活動家たちが、一堂に会して力を合わせ、ともに働く時期が来たように思い始めた。これは海外に限ったことではない。まだ小さな試みだが、海岸林の再生を目指す人たちが集まって活動しているように、炭と菌根で木を植える「白砂青松再生の会」にも静かな波紋が広がり始めた。

植林活動も含めて環境対策は、やってすぐ効果が出るものではない。時間をかけて根気よく大規模に実行し、未来に役立てるための事業である。短期的な採算性や利害を云々していては、とてもできるものではない。馬鹿どころか大馬鹿にならなければ、到底できない仕事なのである。企業や地域社会のリーダーたちが長期的視野に立って、細く長く、地域社会の人々が始めた植林活動を支えてくださるようお願いしたい。

海外の自然や社会条件は、日本ほど穏やかではない。しかし、木のことをよく知り、豊富な「土づくり」や「森づくり」の経験を持っている日本人なら、その条件の違いをよく理解して、「森林再生」に貢献できるはずである。こう思って、いつのころからか、馬鹿にされても、無視されても、人間の命のもとになる「木を植え、森を守る」仕事を続けようと思い立った。とにかく、「それでも木を植え、森を育てる」ことから、地球の明日が始まると信じよう。

参考文献

序

1　Okimori. Y., Ogawa M, Takahashi F（2003）Potential of CO_2 emission reduction by carbonizing biomass wastes from industrial tree plantation in South Sumatra, Indonesia. *Mitigation and Adaptation Strategies for Global Change* 8, 261–280.

2　ワークショップ『急激な気候変動（ＡＣＣ）とその対策』資料集（二〇〇四）

3　ゴア、Ａ（二〇〇七）『不都合な真実』ランダムハウス講談社

4　小川真（二〇〇七）『炭と菌根でよみがえる松』築地書館

5　只木良也（二〇一〇）『新版　森と人間の文化史』ＮＨＫブックス、ＮＨＫ出版

1　枯れる

1　ひょうご環境創造協会編（二〇〇五）『平成一六年度海外植林支援事業モンゴル国調査報告書』

2　ひょうご環境創造協会編（二〇〇八）『平成一九年度海外植林支援事業モンゴル国調査報告書』
3　ひょうご環境創造協会編（二〇一〇）『平成二一年度海外植林支援事業モンゴル国調査報告書』
4　小川真編著（一九八七）『見る・採る・食べる　きのこカラー図鑑』講談社
5　小川真（二〇〇九）『森とカビ・キノコ、樹木の枯死と土壌の汚染』築地書館

2　伐られる

1　関西総合環境センター（二〇〇〇）『温暖化対策クリーン開発メカニズム事業調査』平成一一年度環境庁委託事業報告書
2　FoE Japan（二〇〇八）シンポジウム「アジアに迫る温暖化と低炭素エネルギー開発―バイオ燃料、水力発電ＣＤＭ、天然ガス開発の持続性を問う」資料
3　京都新聞　二〇〇九年十二月七日付「世界の泥炭地から大量のCO_2」
4　服部清兵衛（一九九九）『熱帯林伐木運材（カリマンタンにおける大径木の運材）』平成一〇年度天然林の択伐施業規準に関する調査報告書
5　ひょうご環境創造協会編（二〇〇五）『平成一六年度海外植林支援事業モンゴル国調査報告書』
6　黒田洋一・フランソワ・ネクトゥー（一九八九）『熱帯林破壊と日本の木材貿易』築地書館
7　林野庁（二〇〇九）『平成二〇年度林業白書』

3 燃える

1 Inoue M.（2000）Participatory Forest Management. Guhardja et al eds. ***Rainforest Ecosystem Management***: 299–306 Springer

2 麻生慶次郎ほか（一九二一）細菌による遊離窒素利用研究報告、第四号、農商務省農務局

3 菊池淳一・小川真（一九九七）共生微生物を利用したフタバガキの育苗、熱帯林業三八、三六—四八

4 小川真（一九九二）土壌改良材としての炭の効用、農林業協力専門家通信　一二—三、一—一三

5 Hough R.（1988）'Captain James Cook' Coronet Books Hodder and Stoughton

6 Attiwill P. M.（1994）Ecological disturbance and the conservative management of eucalypt forests in Australia, ***Forest Ecology and Management*** 63: 301–346.

7 Beardsell D. V.（1993）Reproductive Biology of Australian Myrtaceae, ***Aust. J. Bot.*** 41: 511–526.

8 Lehmann J. and Joseph S. eds.（2009）Biochar, for Environmental Management. Earthscan London

9 Yamato M.（2006）Effects of the application of charred bark of ***Acacia mangium*** on the yield of maize, cowpea and peanut, and soil chemical properties in South Sumatra, Indonesia. ***Soil***

Science and Plant Nutrition 52, 489–495.

10 中村智史（二〇〇七）アマゾン川中流域に分布する黒色度の理化学性及びその変動、日本土壌肥料学会誌七八（三）二九一—二九八

4 熱帯雨林の再生

1 Ashton P. S.（1982）Dipterocarpaceae, *Flora Malaya* Ser 19: 237–552.

2 Guhardja E. et al eds.（2000）Rainforest Ecosystems of East Kalimantan, Springer

3 Ogawa M.（2006）Inoculation method of *Scleroderma columnare* onto Dipterocarps, Suzuki K. et al eds *Plantation Technology in Tropical rain Forest Science* Springer: 185–197.

4 小川真（一九八七）『作物と土をつなぐ共生微生物』農文協

5 Guzmán G.（1969）Veligaster, a new genus of the Sclerodermataceae, *Mycologia* 61, 1117–1123.

6 Ogawa M.（1995）Reports on the mycorrhiza of Dipterocarps in field and nursery, *JICA Annual Report of Multistory Forest Management Project in Malaysia*

7 小川真（二〇〇九）『森とカビ・キノコ—樹木の枯死と土壌の劣化』築地書館

8 小川真（一九九一）ラワンときのこ—菌根菌、熱帯林業、22、29—36

9 Mori S. and Marjenah（2000）A convenient method for inoculating Dipterocarp seedlings

with ectomycorrhizal fungus, ***Scleroderma columnare***, Guhardja et al eds. ***Rainforest Ecosystem Management*** : 299–306 Springer

10 Ogawa M.（1992）Ectomycorrhiza of Dipterocarps and the utilization for reforestation, ***JICA Tropical Rainforest Research Project***（II）1992–7

11 Kikuchi K. et al（1998）Development of nursing techniques utilizing microorganisms, RETROF ed. ***Research Report on Reforestation of Tropical Forest*** : 155–182

5 苗づくりから始める

1 Bruges J.（2009）The Biochar Debate, Chelsea Green Publishing, Vermont

2 環境総合テクノス生物環境研究所（二〇〇五）熱帯林再生技術の開発研究、関西電力受託研究総合報告書

3 菊池淳一（一九九九）フタバガキの森を支えるキノコたち、関イ連ニュース二〇周年記念特別号その一―六

4 Kikuchi J.（2004）Study on mycorrhiza of Dipterocarps and its utilization, ***Report of Joint Study, Development of Tropical Reforestation Techniques***

5 Sakai C.（1999）Vegetative propagation of Dipterocarps species, ***Research Report on Reforestation of Tropical Forest*** 9–32, RETROF

6　食える森を作る

1　Okimori Y.（2000）Impact of different intensities of selective logging on a low –hill Dipterocarp forest in Pasir, East Kalimantan, Guhardja et al eds. *Rainforest Ecosystem Management* : 209–217 Springer

2　沖森泰行（二〇〇一）熱帯林修復・再生技術（その一）インドネシアでの低地フタバガキ林の修復・再生プロジェクト、日本熱帯林生態学会ニュースレター、四五、一―七

3　環境総合テクノス生物環境研究所（二〇〇五）熱帯林再生技術の開発研究、関西電力受託研究総合報告書

4　菊池淳一（一九九九）フタバガキの森を支えるキノコたち、関イ連ニュース二〇周年記念特別号その一―六

5　Ogawa M.（1995）Reports on the mycorrhiza of Dipterocarps in field and nursery, *JICA Annual Report of Multistory Forest Management Project in Malaysia*

6　Okimori Y., Ogawa M., Takahashi F.（2003）Potential of CO_2 emission reduction by carbonizing biomass wastes from industrial tree plantation in South Sumatra, Indonesia. *Mitigation and Adaptation Strategies for Global Change* 8, 261–280.

7　Yamato M.（2006）Effects of the application of charred bark of *Acacia mangium* on the yield of maize, cowpea and peanut, and soil chemical properties in South Sumatra, Indonesia. *Soil*

Science and Plant Nutrition 52, 489–495.

7　広がる塩湖とユーカリ

1　Ogawa M.（1994）Symbiosis of People and Nature in the Tropics. ***Farming Japan*** 28, 5. 10–21.

2　Blackwell P. et al（2007）Improving wheat production with deep banded Oil Malee charcoal in West Australia in 'International Agrichar Initiative Conference Booklet'

3　沖森泰行（二〇〇三）炭施用による農作物生産量改善を狙った増収効果と事業化の可能性調査、平成一五年度調査報告、環境総合テクノス

4　久馬一剛編（一九九七）最新土壌学、朝倉書店

5　総合地球環境学研究所編（二〇一〇）地球環境学事典、弘文舎

6　Shea S.（1999）Potential for carbon sequestration and product displacement with oil mallees, In Proceedings: *The Oil Mallee Profitable Landcare Seminar, Oil Mallee Association*, Perth, Australia

7　沖森泰行（二〇〇三）半乾燥地適応型ユーカリの植林技術の改良と炭素貯留機能効果の評価、平成一五年度調査報告、環境総合テクノス

8　Syd Shea（2004）Oil Malee Plantation Sites, Internal Report of OMC

9　Ogawa M.（1998）Utilization of symbiotic microorganisms and charcoal for desert greening.

Green Age, 14: 5–11.

10 Kawamoto K. et al (2003) Effect of symbiotic microorganisms and partial hydroponics on the growth of tree seedlings under arid conditions. *Journal of Arid Land Studies* 12.4 195–201.

8 炭鉱残土に植える

1 http://resource.ashigaru.jp/country_australia_2_coal.html

2 アポロリソーシス株式会社（二〇〇〇）エンシャム炭鉱の概要、出光興産

3 出光興産・電源開発・関西電力（二〇〇四）平成一六年度石炭資源開発基礎調査（情報収集解析事業）「露天掘石炭採掘跡地修復技術協力事業」報告書、（独法）新エネルギー・産業技術総合開発機構

4 末国次郎・野上誠（二〇〇五）リモートセンシングプラットフォームとしての無線ヘリの検討、日本リモートセンシング学会第三九回学術講演会論文集、二二三

5 関西電力環境技術センター（二〇〇〇）マングローブ植林技術開発研究報告書

6 松井直弘（二〇〇四）マングローブ植林の現状と課題—タイ・植林技術開発研究を事例として、熱帯農業　四八（五）二八五—二八九

7 末国次郎・野上誠（二〇〇五）空撮画像とGPS比高データによるマングローブ（フタバナヒルギ：*Rhizophora apiculata* BL）に適した生育条件の推定、写真測量とリモートセンシング、

四四（五）四二—四九

9 緑に帰る山々

1 小川真（二〇〇七）『炭と菌根でよみがえる松』築地書館
2 朝鮮民主主義人民共和国（一九八三）『朝鮮の農業』外国文化社
3 テレビ朝日（二〇〇八）『よみがえれ、緑の大地—中国・黄土植林プロジェクト一七年目の挑戦』二〇〇八年一一月二九日放映
4 高見邦雄（二〇〇三）『ぼくらの村にアンズが実った』日本経済新聞社
5 緑の地球ネットワーク（二〇〇五）『中国黄土高原における緑化協力—そのなかでわかったこと』国際協力機構・中国国家林業局
6 小川真ほか（二〇一〇）二〇一〇年度緑の地球ネットワーク調査報告書（未発表）
7 前中久行（二〇一〇）二〇一〇年度緑の地球ネットワーク調査報告書（未発表）
8 吉村昭（二〇〇四）『海の祭礼』文春文庫

10 未来へ向けて

1 川上紳一（二〇〇〇）『生命と地球の共進化』ＮＨＫブックス、日本放送出版協会
2 電気事業連合会（二〇〇九）電気事業における環境行動計画、電事連

3　佐藤友香・小林茂樹（一九九七）化石燃料の現状と将来、豊田研究所R＆Dレビュー32（2）三一一
4　関西電力（二〇〇七）関西電力グループCSRレポート

あとがき

本文を書いて、三月一日に原稿をメールで送った。それから一〇日後の二〇一一年三月一一日二時四六分、マグニチュード九・〇のプレート境界型大地震が岩手県沖で発生した。すぐ、先に述べた二〇〇四年九月、パリで開かれた会議の席上、氷河や氷床が大規模に融解すると、プレートが動く可能性があるという仮説の紹介を思い出した。あの仮説は正しかったのだろうか。

二〇〇四年一二月二六日にスマトラ沖大地震が発生し、大津波に沿岸地域が飲み込まれた。このとき、マングローブ林が波の勢いを抑えるのに役立ったという話を、ガジャマダ大学のスハルディさんから聞いていた。その後、彼は私たちと連絡をとりながら、海岸にモクマオウの防潮林を作る運動を実行に移し、政治家としてインドネシア各地に広げている。

次いで、二〇〇八年五月一二日には中国の四川省で、やはりプレート境界型地震が発生した。これは内陸型の地震だったが、被害は大きく、危険性が高くなった予感があって心配だった。

スマトラ沖大地震のとき、次は日本海溝付近かもしれないと思った。そこで、自由になった二〇

○六年四月二九日に「白砂青松再生の会」を作り、ボランティア活動で海岸林を手入れし、海岸に菌根のついた苗を植える運動を始めた。このための試験は、すでに一九九九年に京都府の京丹後市で始めていたので、技術的な問題についての迷いはなかった。なお、この実験を手掛けてくださったのは、伊藤武さんと荻野義教さん、「丹後きのこクラブ」の方々である。

海岸林再生の仕事はニセアカシアや灌木を除伐し、草をとり、落ち葉をはぎ取る大掃除から始まる。しかし、この作業は「一木一草も伐ってはならない」という保安林指定や文化財保護のための法令によって、公式に申請すると、絶対に許可が下りない。まして、炭の粉を植え穴に入れて菌根をつけるなどという方法は、どのマニュアルにも載っていない。この法令は、その昔山裾や海岸林から燃料をとるため、盛んに盗伐が行われていたころに制定されたものだが、それがそのまま、一〇〇年以上も生きていたのである。

実行するための唯一の方法は、政府の権限外にある民有林を対象にして住民の意思で、「やってしまう」ことだった。とがめられたときや失敗したときに責任を負うのは、「白砂青松再生の会」の会長の務めである。そのため、大勢の人を巻き添えにしないために、この会は役員も会則も会費もない任意団体にしておいた。もっとも、最近は林野庁でも理解する人が増え、マツ林の手入れを認めるようになっている。

日本という国は全土が海に囲まれている。しかも、その大部分は断崖絶壁か、砂浜や砂丘である。そのため、常に地震や台風、それに伴う津波や高潮の危険にさらされている。しかし、太平洋沿岸では、古くからマツ枯れが蔓延したため、どこでも広がりのあった防風・防潮林が伐り払われ、宅地や工業団地としてに開発されたところが多い。その結果、海岸クロマツ林は、どこへ行っても申し訳程度のベルト状になり、それもマツ枯れで次々と消えかけている。

一方、開発が進んでいない日本海側では、かなり長い間海岸林が保たれていたが、それがここ数十年の間に急速に枯れ出し、青森県まで北上している。そのため、まだ砂丘や砂浜が残っている日本海側に焦点を絞って、活動を進めることにしたが、まだ大規模な修復事業は始まっていない。

大きなマツが枯れた後に更新した若いマツ林も手入れできないために枯れてしまい、三代目に入ったところも見られるようになった。内陸部は広葉樹林に移るが、海に面したところはササ原に変わるので、早く潮風に強いクロマツを植える必要がある。残っているマツ林は、間伐を禁じたためにモヤシのようになり、根系が狭く、細い根だけで太い根がない。少なくとも一九四〇年代以降に植えられたマツ林はいずれも災害にもろい林になっている。このようなところに津波が襲ったのだから、ひとたまりもなかったのだろう。

宮城県名取市の閖上浜は、クロマツ林にマツタケが出るので、学生のころ見せてもらいに行ったところである。ここも江戸時代から植えられてきた広いマツ林が開発によって住宅地や農地に変わっていたので、ずっと気になっていた。地元では、以前から海岸林を守ろうという活動が盛んで、「ゆりりん会」というボランティア団体が中心になってマツ林を手入れし、宮城県林業技術センターの指導でショウロつきの苗を植えていた。

三年前からこの活動に加わっていたが、二〇一〇年一〇月にも日本経済新聞社の清水正巳さんと一緒に訪れ、ボランティア活動をしているみなさんに、海岸林の大切さについて話をしたばかりだった。なお、ここは小山晴子さんが『マツが枯れる』（秋田文化出版、二〇〇四）を書いて、警告しておられたところでもある。会の事務局を預かる大橋信彦さんご夫妻は津波に追われ、かろうじて逃れた由、電話をいただいたが、「ゆりりん会」の会長さんは津波で落命されたという。

岩手県陸前高田市の高田松原は名勝指定されていた見事なマツ林だった。それが一五メートルに達する大津波になぎ倒され、根こそぎ流されてしまった。ここは最初「白砂青松再生の会」副会長の佐賀大学の田中明さんが訪れて、手入れの必要性を説かれたところである。その後、海岸林学会が開かれた際、東京医科歯科大学の金城典子さんの要請で訪れ、私も参加することになった。地元では吉田正耕さんの呼びかけで有志が「高田松原を守る会」を立ち上げ、下草刈りなどの作業を続けておられた。

このマツ林は江戸時代に篤志家の手で植えられたもので、大きなクロマツとアカマツが交じり、樹齢三〇〇年ほどの大木も残っていた。立木本数は七万本とされていたが、一本を残して、それがすべて折れるか、抜かれて流された。波の力がどれほどだったのか、想像もつかない強さである。流れ着いたマツの根を見た金城さんの話では、地上部に比べて根が異様に少なく、完全に抜けていたそうである。ここも、やはり手入れが不十分だったとしかいいようがない。

一カ月たったころ、関西テレビの画面に「高田松原を守る会」の副会長、鈴木善久さんの顔が映っていた。お元気で、一本残った「希望のマツ」を守って、また松原を復活させたいと言っておられた。会長の吉田さんのお顔が見えないと思っていたら、四月一七日付の読売新聞に亡くなったという記事が出ていた。二月に訪れたとき、花巻空港まで車で送ってくださったが、その温顔が忘れられない。一生懸命落ち葉運びをしていた気仙小学校の児童や幼い子供たちの姿が、今もまぶたから離れない。無事を願い、心からお見舞い申し上げ、亡くなった方々の御冥福をお祈りしている。

三月中はテレビに張り付いて、知り合いの顔が映らないか、マツ林はどうなったかと、画面を追い続けた。残念ながら、亡くなった方や家族を亡くされた方々も多く、子供のころ洪水に追われたときの思い出と重なって、お見舞いの言葉にも詰まるほどだった。そんな中で、あれほどの大惨事にもめげない、勇気ある東北の人たち、特に子供たちの立派さに感心させられた。被害の範囲はあまりにも広く、自然の力は大きく、時にはむごいものだと実感させられた人も多いことだろう。

名取市の大橋さんや岩手県や宮城県の多くの方々から、「あきらめずに、また植えましょう」という言葉をいただいた。励ますはずの私が、逆に元気と勇気をいただいたような気がしている。「それでも、木を植えよう」という合言葉は、きっと亡くなった方々を弔う祈りにつながることだろう。

海岸線を守るには、人為的な構造物に頼るだけでなく、被害を軽減するために自然の力を活かした方法が見直され、活かされる必要がある。もう一度衆知を集めて、海岸線に生きる人の命と暮らしだけでなく、農業や水産業などの地場産業を守る方策を早急に立てる必要がある。温暖化に伴う気候変動はまだ始まったばかりで、これから訪れる災害の規模は想像を絶するものになる可能性が高い。「想定外」という言い逃れでは済まない事態に備えて、あらゆる分野で見直しを開始し、地に足の着いた技術を開発しなければならないと思う。

幸か不幸か、これまで手掛けてきた「白砂青松再生の会」の活動は、津波被害と将来の防災対策に、「日本バイオ炭普及会」の仕事は放射能除去や農耕地の修復に、「菌根研究会」は汚染土壌のバイオリメディエーションにつながっている。四月に入ってから、海岸林再生については、同志と一緒にマツの苗を育ててショウロの胞子を接種し、元気な苗を送る準備を始めた。炭については、放射能除去に活性炭をはじめ、炭化物が利用できるかどうか、会員のみなさんに検討していただくことにした。また、汚染土壌の処理については過去の事例の文献調査や具体的な方法を検討してもらっている。これらの中から役立つ方法が見つかり、被災された方々の苦しみを軽減するのに、少しでも役立てていただければと願っている。

【ワ行】

【マ行】

【ハ行】

【ナ行】

【タ行】

【サ行】

【カ行】

索引

著者紹介――――小川 真（おがわ まこと）

一九三七年京都生まれ。京都大学農学部卒。農学博士。森林総合研究所土壌微生物研究室長、環境総合テクノス生物環境研究所長、大阪工業大学工学部環境工学科客員教授などを歴任。

日本菌学会教育文化賞、日本林学賞、ユフロ（国際林業研究機関連合）学術賞、日経地球環境技術賞、愛・地球賞（愛知万博）などを受賞。

現在、「白砂青松再生の会」会長として、炭と菌根による松林再生ノウハウを伝授するため、全国を行脚している。

著書に『マツタケの生物学』『きのこの自然誌』『炭と菌根でよみがえる松』『森とカビ・キノコ』『作物と土をつなぐ共生微生物』、訳書に『ふしぎな生きものカビ・キノコ』『チョコレートを滅ぼしたカビ・キノコの話』『キノコ・カビの研究史』など多数。

菌と世界の森林再生

二〇一一年八月一五日　初版発行

著者——小川真
発行者——土井二郎
発行所——築地書館株式会社
東京都中央区築地七—四—四—二〇一　〒一〇四—〇〇四五
電話〇三—三五四二—三七三一　FAX〇三—三五四一—五七九九
振替〇〇一一〇—五—一九〇五七
ホームページ =http://www.tsukiji-shokan.co.jp/
印刷・製本——シナノ印刷株式会社
装丁——吉野愛

 ISBN 978-4-8067-1428-6

くわしい内容はホームページで。URL=http://www.tsukiji-shokan.co.jp/

●樹木と森の本

イタヤカエデはなぜ自ら幹を枯らすのか

樹木の個性と生き残り戦略

渡辺一夫［著］　◎5刷　二〇〇〇円＋税

樹木は生存競争に勝つために、どのような工夫をこらしているのか。アカマツ、モミ、ブナなど、日本を代表する三六種の樹木の驚くべき生き残り戦略を解説。

樹木学

トーマス［著］　熊崎実＋浅川澄彦＋須藤彰司［訳］

◎6刷　三六〇〇円＋税

木々たちの秘められた生活のすべて。生物学、生態学がこれまで蓄積してきた樹木についてのあらゆる側面を、わかりやすく、魅惑的な洞察とともに紹介した、樹木の自然誌。

森の健康診断

100円グッズで始める市民と研究者の愉快な森林調査

蔵治光一郎＋洲崎燈子＋丹羽健司［編］　◎2刷　二〇〇〇円

森林と流域圏の再生をめざして、森林ボランティア・市民・研究者の協働で始まった手づくりの人工林調査。愛知県豊田市矢作川流域での先進事例とその成果を詳細に報告・解説した、人工林再生のためのガイドブック。

緑のダム

森林・河川・水循環・防災

蔵治光一郎＋保屋野初子［編］　二六〇〇円＋税

これまで情緒的に語られてきた「緑のダム」について、第一線の研究者、ジャーナリスト、行政担当者、住民などが、あらゆる角度から森林（緑）のダム機能を論じた日本で初めての本。